华为Serverless
核心技术与实践

刘方明 李林锋 王磊◎著
郑伟 马博文◎审校

电子工业出版社
Publishing House of Electronics Industry
北京·BEIJING

内 容 简 介

华为 2012 实验室自研的分布式内核——华为元戎，作为底座支撑了华为终端云通过 Serverless 快速开发和上线商业服务的应用场景。本书以此为例，系统地剖析了构建 Serverless 平台的设计思路和实现方案，帮助读者掌握理论知识和实践方法。本书共分 10 章，内容涵盖了从微服务到 Serverless 演进的机遇与挑战、基础知识与组件工具、当前生态与发展方向，以及华为元戎创新构建的有状态函数编程模型、高性能函数运行时、高效对接 BaaS 服务等一系列 Serverless 核心技术，并配套介绍了云数据库、云存储、云托管等一系列开箱即用的 Serverless 后端服务。最后，以华为终端云 AppGallery Connect 平台的翻译服务作为应用案例，完整展示了从技术选型、架构设计、代码示例到实现效果的端到端实践经验，启发读者活学活用 Serverless 技术。

本书可作为广大开发者、科研人员和信息专业的本科生与研究生等学习 Serverless 技术的入门读物，也可作为云计算与分布式系统等领域从业人员深入了解 Serverless 架构的参考书。

未经许可，不得以任何方式复制或抄袭本书之部分或全部内容。
版权所有，侵权必究。

图书在版编目（CIP）数据

华为 Serverless 核心技术与实践 / 刘方明等著. —北京：电子工业出版社，2021.11
ISBN 978-7-121-42203-4

Ⅰ.①华… Ⅱ.①刘… Ⅲ.①移动终端－应用程序－程序设计 Ⅳ.①TN929.53

中国版本图书馆 CIP 数据核字（2021）第 206732 号

责任编辑：张春雨　　　　特约编辑：田学清
印　　刷：北京市天宇星印刷厂
装　　订：北京市天宇星印刷厂
出版发行：电子工业出版社
　　　　　北京市海淀区万寿路 173 信箱　　邮编：100036
开　　本：787×980　1/16　印张：17.5　字数：350 千字
版　　次：2021 年 11 月第 1 版
印　　次：2021 年 11 月第 1 次印刷
定　　价：89.00 元

凡所购买电子工业出版社图书有缺损问题，请向购买书店调换。若书店售缺，请与本社发行部联系，联系及邮购电话：（010）88254888，88258888。
质量投诉请发邮件至 zlts@phei.com.cn，盗版侵权举报请发邮件至 dbqq@phei.com.cn。
本书咨询联系方式：010-51260888-819，faq@phei.com.cn。

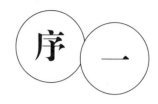

Serverless 使能应用极简开发和运维

云计算的不断发展，正在快速地改变着传统 IT 的开发、运维。虚拟机、容器、微服务等技术不断地提升着云计算的能力。

Serverless 无服务器计算的出现，为软件开发带来了跨越式的变革。它让开发者只需关注软件产品的功能代码实现，而无须花费精力在计算、存储、网络等基础设施的资源分配与扩缩容上，也不必在软件的部署与运维等领域花精力。这些功能现在由云服务提供商以函数即服务（Function as a Service）和后端即服务（Backend as a Service）的云服务方式提供。Serverless 极大地解放了开发者，已成为最有潜力的云计算技术发展方向，也必将成为智能数字化社会的未来开发模式。

随着移动应用、IoT 和小程序等的快速发展，Serverless 的架构思想和开发方式逐渐被开发者所接受，有望用来支撑应用现代化的新生态。Serverless 对开发者的价值主要体现在三个方面：

第一、极简开发实现业务快速上线：在架构层面，函数的粒度相比微服务更小，业务构建更加灵活敏捷；在开发层面，函数计算平台提供了更简单的编程模型，让开发者更聚焦业务逻辑，而 BaaS 服务有效管理了后端服务的对接与协同。基于 Serverless 模式，可实现以天为单位完成业务上线。

第二、弹性自运维降低维护成本：对于互联网应用所面临的高可用及突发流量挑战，Serverless 可以实现从计算到数据的大规模高并发弹性扩容，帮助开发者屏蔽底层基础设施的运维，降低了开发者的维护负担。

第三、按需收费降低资源使用成本：Serverless 按实际使用量付费的特性，不但可以让大中型企业提升资源利用率，而且可以让创业公司降低基础设施投入和减少资源使用成本。

华为公司近年来在 Serverless 技术方向进行了持续的研发和实践。针对函数计算存在的一系列痛点，如函数缺少有状态支持、冷启动时间长、弹性扩容慢、后端服务及中间件管理复杂等问题，设计、实现了支持函数计算的分布式内核——华为元戎，并将其作为底座支撑华为终端云的云函数服务。在过去的三年中，华为终端云在丰富的业务场景上对函数计算服务进行了大量实践，如搜索、视频、游戏、机器学习、浏览器、全屋智能、运动健康等，并根据业务的反馈对函数计算内核进行了持续优化。截至目前，基于华为元戎的云函数服务在全球华为终端云正式上线，广泛服务于 HMS 生态的移动应用开发者。

本书系统性地介绍了 Serverless 的基础知识、关键技术，以及华为元戎在 Serverless 先进性上的创新探索，提供了华为终端云基于 Serverless 快速开发和上线翻译业务的端到端完整案例。希望读者通过阅读本书，在深入了解 Serverless 技术原理和架构的同时，能在业务实践中灵活运用 Serverless 高效构建应用。

华为云 CEO、消费者云服务总裁　张平安

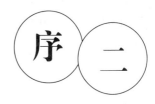

Serverless 将成为应用架构发展的未来趋势

纵观计算技术发展的历史长河,计算设施从物理机发展到虚拟机,再从虚拟机发展到容器;计算服务架构从传统单体系统架构演进到微服务架构,再从微服务架构演进到近年来兴起的 Serverless 架构,其驱动力主要聚焦在提高资源共享和利用效率、方便用户做应用开发、简化计算基础设施运维管理及全方位降低计算基础设施建设和运维成本等方面。

Serverless 字面上的解释是"无服务器",但其真正含义是应用开发者无须考虑服务器的相关问题,可以直接依靠第三方的计算资源。该概念自 2012 年出现后,得到国内外各大云计算厂商及学术界的高度关注和热情支持,随之涌现出 IaaS 和 PaaS 等各层次不同形态的基于 Serverless 理念的服务,以及各种开源的社区和框架。这类衍生技术及产品在丰富 Serverless 生态的同时,也给用户理解 Serverless 架构增加了复杂度。

《华为 Serverless 核心技术与实践》一书理论与实践相结合,系统地介绍了构建 Serverless 平台的设计思路和实现方案,对如何支持有状态复杂应用、高性能函数运行时及高效对接后端服务等核心技术进行了有意义地探索,并在云平台上实战演练了完整的应用案例。相信本书能对相关专业领域的学生和软件从业人员掌握 Serverless 技术原理和应用方法提供有益的帮助。

中国工程院院士,国防科技大学教授、博士生导师　卢锡城

2021 年 10 月

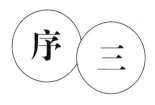

Serverless 将成为微服务架构的终极模式

计算范式演进的最终目标是为开发者提供高阶编程抽象，从而将他们从烦琐的工作中解脱出来，更加专注解决业务本身的问题，进而使得开发者可以方便地使用更高效（往往也更复杂）的算法，或者解决更大规模的问题。在过去的数十年中，为了应对应用快速大规模发展的需要，我们的软件开发模式从客户端/服务器模式（C/S），发展到模型/视图/控制（MVC），再到面向服务的架构（SOA），直至当前的微服务；应用的类型也从单体的企业应用，演化到大规模的分布式微服务应用。每一次这样的演进，都给我们的开发范式带来更大的灵活性，更高的可伸缩性，以及由此带来的性能提升，但是却使得开发范式本身变得更加复杂。相比数十年以前的单体应用，开发、调试、部署和维护大规模分布式微服务要复杂和困难许多。这不仅造成开发者的学习曲线相当陡峭，而且开发、维护一个微服务架构往往需要较高的初始成本。这种情况对于中小型应用是非常不友好的，这些应用的开发者在项目初期就需要面临两难的选择：要么在创业之初就承担昂贵的开发成本，要么在发展到一定规模之后承担痛苦的重构。云计算技术发展之初，尽管通过计算资源的虚拟化和池化，降低了我们部署应用的成本，但并没有从本质上解决上述计算范式演进面临的问题。而当前，伴随着企业数字现代化进程的加快，越来越多的应用"为云而生"，因而旨在简化云开发、方便构建分布式应用的新一代"云原生"Serverless 技术应运而生了。

在华为 2012 实验室，有一支长期研究分布式并行和云计算技术的团队。从 2017

年起,他们就开始对 Serverless 技术进行深入研究和探索,从架构到理论,再到系统实现。华为元戎①(分布式内核)就是他们在过去四年中不断求索的成果。何为 Serverless?从狭义上讲,就是面向"函数"的计算(或称"函数即服务",FaaS);从广义上讲,还包含函数可以调用的一系列后端服务,如对象存储、数据管理、增长运营等。相比业界类似的 Serverless 技术,华为元戎首次将"状态"纳入函数计算的概念体系,从而可以方便高效地实现多函数协同的、复杂的有状态服务。同时,华为元戎进一步提出了统一、标准化的后端平台概念(Event Bridge 和 Service Bridge),不仅方便函数和后端服务的集成,而且有助于 Serverless 应用的跨云部署。可以说,华为元戎将 Serverless 技术推进到了一个新的高度。2020 年,通过各方通力合作,华为终端云服务推出基于华为元戎的 Serverless 解决方案,面向广大的开发者提供开发、构建、增长/运营及质量分析等一系列服务。本书通过对华为 Serverless 技术剖析,深入浅出地讲解了 Serverless 的原理、架构、系统实现,以及相应的关键技术,并列举了若干实战示例,帮助读者深入理解和学习 Serverless 技术。

值得一提的是,Serverless 技术本身也是在持续发展的。从某种意义上讲,Serverless 将会成为微服务架构的终极模式。那时,应用的模块化、独立部署、可扩缩、高可用和云计算技术可实现高度统一和深度结合。最终通过 Serverless 技术,云原生应用将会像单机应用一样可以简单便捷地进行开发,同时拥有高性能和高可扩缩的能力,从而彻底解决前文提到的云时代计算范式演进的困局。这种"单机思考,集群并行执行"的体验会深刻地改变云原生应用的开发模式,实现跨越式的生产力变革。正如伯克利 RISE Lab 主任 Ion Stoica 教授所言:"Serverless 将会成为云时代默认的计算范式,并取代 Serverful 的计算模式"。我们希望借助本书,为广大的读者和工程技术人员提供一些灵感和启发,共同促进 Serverless 技术的进一步发展。

华为分布式与并行软件 Lab 主任　谭焜博士

---

① 唐·柳宗元《剑门铭》:"蕤鼓一振,元戎启行",其中元戎是"大兵车",在本书中寓意为分布式并行系统"大军出行",打造新时代的 Serverless 架构与技术。

前言

风起云涌的云计算,在以虚拟化和容器化为技术特征的"资源云化"阶段,极大地简化了基础设施运维。如今,在以 Serverless 新理念标志的"应用云化"阶段,云计算的目标是进一步简化云开发,屏蔽云端分布式系统和中间件等的复杂性。Serverless 不但能使开发者聚焦业务逻辑以实现跨越式生产力变革,而且以极致弹性和免运维等优势帮助应用降低成本、开发增效,已成为云计算"下半场"中各大厂商和开源社区竞相拥抱的战略方向和新兴技术。甚至伯克利在《简化云编程:伯克利视角下的 Serverless 计算》一文中预言:Serverless 将会成为云时代默认的计算范式,并取代 Serverful(传统云)计算模式,而其商业模式变革也被生动地类比为从传统的"租车"服务发展为真正随用随付的"计程车"服务。

广大开发者、科研人员和信息专业的本科生与研究生应该如何把握快速发展的 Serverless 技术浪潮呢?最为行之有效的方法之一是,通过完整剖析一个有代表性的 Serverless 平台的设计思路和实现方案,来深入学习和掌握 Serverless 的技术原理与架构精髓,这亦是本书创作的初衷。本书以华为 2012 实验室研制的分布式内核——华为元戎在 Serverless 方向的创新探索为例,详细阐述了新一代 Serverless 编程模型、高性能运行时、后端服务对接等一系列关键技术,并深入剖析了华为终端云基于 Serverless 实现快速开发和上线翻译业务的端到端商用案例,帮助读者从理论走向系统实践,身临其境地体会如何灵活运用 Serverless 高效构建应用。

本书的第 1 章重点介绍了 Serverless 的基础知识、关键技术和生态现状。通过对第 1 章的阅读,读者可以了解 Serverless 如何解决微服务实施的痛点,了解当前典型的 Serverless 平台（如 Lambda）和开源系统（如 OpenWhisk）等的差异化设计，以及 Serverless 的周边组件，如开发与部署框架、事件总线、函数工作流等，进而通过总结当前 Serverless 系统的不足之处及下一步技术探索方向，为读者设计 Serverless 应用架构提供启发和技术参考。

本书的第 2～5 章详细介绍构建新一代 Serverless 平台的核心技术。第 2 章以华为的华为元戎为例介绍新一代 Serverless 平台的设计理念与技术架构，第 3～5 章分别对一系列核心技术展开剖析。其中，第 3 章介绍有状态函数编程模型的设计原理和技术实现，并通过生动的场景案例展示有状态函数编程模型的用法与优势。第 4 章分析如何在函数运行时中优化冷启动、弹性伸缩和函数调度的性能，并提供具体设计方案和范例性能评测。第 5 章涉及用函数对接各种 BaaS 服务的通用框架，以华为元戎的 Event Bridge 和 Service Bridge 为例分别详解云上各种服务如何规范化触发函数，以及在函数中如何标准化调用各种后端服务，如云存储和云数据库等。

完备的后端服务如云托管、云数据库和云存储等也是 Serverless 平台必不可少的组成部分，因此第 6～8 章介绍了华为终端云为用户和开发者提供的配套服务。其中，云数据库服务是一款 Serverless 化的数据库，提供简单易用的端/云 SDK，适用于移动应用、网页和服务器开发，方便应用数据在各个客户端之间、客户端与服务端之间自动保持同步，帮助应用开发者快速构建安全可靠且多端协同的应用程序，从而让应用开发者聚焦业务逻辑，无须关注后端系统的复杂搭建、用户数据的安全保护、多端数据的同步及服务器部署维护等，可显著提高业务构建、部署和运营效率。云存储服务用于图片、视频、文件等内容的上传、下载、归档和备份等。相比于传统的存储服务，云存储服务具有支持断点续传、网络加速、可靠安全和弹性伸缩等特性，更适合移动应用的文件管理。云托管服务为开发者的网页内容提供快速和安全的全球托管服务，支持自定义域名和证书管理，开发者只需提供申请的域名，无须关注 CDN 加速和 SSL 配置，通过控制台一键发布版本即可向全球用户分发网站内容。

虽然 Serverless 平台为开发者提供了一系列开箱即用的云函数和后端服务，但是开发者在尝试用新模式构建实际业务时难免会面临各种挑战，例如，业务函数的划分粒度和策略、由数据变更触发的业务流程执行及事件驱动编程等。鉴于此，本书的第 9～10 章以华为的实践为例，从技术选型、架构设计到业务函数的划分，再到云函数、云托管、云数据库和云存储服务的搭配使用和代码示例，对基于 Serverless 技术构建的翻译服务进行端到端完整解析，让读者能够快速学习和全面掌握如何运用 Serverless 技术高效构建应用。

"众人拾柴火焰高"，感谢华为公司 2012 实验室中央软件院分布式与并行软件实验室的大力支持，以及华为元戎团队的不懈投入，感谢华为终端云同仁们的倾力贡献和紧密协作。大家共同践行了"研发一代、应用一代"的务实创新精神，促成了本书中的 Serverless 架构和技术从原型逐步走向商用，未来更加可期！感谢电子工业出版社的宝贵建议与细致工作，这保证了本书的质量和尽早问世。另外，本书部分内容参考了公开资料和网上调研成果，在此也对相关参考文献的作者及同行致以诚挚的谢意。

由于水平有限，加之 Serverless 技术日新月异且应用领域广泛，书中难免有疏漏和不足之处，恳请广大读者批评指正，以便我们在后续版本中改进，并共同推动 Serverless 生态的蓬勃发展！

目录

1 Serverless 综述 1
1.1 微服务面临的挑战 1
1.2 什么是 Serverless 4
1.2.1 Serverless 的定义 6
1.2.2 Serverless 关键技术 8
1.3 Serverless 带来的核心变化 10
1.3.1 Serverless 的技术创新 10
1.3.2 Serverless 的其他优点 13
1.3.3 Serverless 和微服务的差异 14
1.4 Serverless 生态现状 15
1.4.1 平台 16
1.4.2 框架 31
1.4.3 事件总线 35
1.4.4 函数工作流 38
1.5 Serverless 的挑战与机遇 44
1.6 总结 48

2 新一代 Serverless 技术 50
2.1 设计理念 50
2.2 技术架构 52

2.2.1　概念模型 52
　　2.2.2　逻辑架构 53
　　2.2.3　核心技术创新盘点 55

3　有状态函数编程模型 56
3.1　设计原理 56
　　3.1.1　状态与有状态函数 56
　　3.1.2　有状态函数编程模型的实现 59
　　3.1.3　有状态函数的并发一致性模型 73
　　3.1.4　有状态函数应用场景 75
　　3.1.5　有状态函数的使用原则 82
3.2　自走棋游戏编程模型设计示例 83
　　3.2.1　自走棋游戏介绍 83
　　3.2.2　函数的实现分析及有状态函数重构 85
　　3.2.3　有状态函数的效果 94

4　高性能函数运行时 96
4.1　函数运行时的设计和实现 96
4.2　函数冷启动 100
　　4.2.1　问题分析 100
　　4.2.2　资源池化 101
　　4.2.3　代码缓存 102
　　4.2.4　调用链预测 103
4.3　弹性伸缩 105
　　4.3.1　弹性策略选择 105
　　4.3.2　华为元戎弹性方案设计 108
4.4　函数调度 111
　　4.4.1　调度的关键维度 111
　　4.4.2　调度策略 113
　　4.4.3　函数调度最佳实践 115
4.5　性能评测 116

5　高效对接 BaaS 服务 120
5.1　Event Bridge：BaaS 服务连接函数的桥梁 120
5.1.1　Event Bridge 基本概念 122
5.1.2　Event Bridge 架构 123
5.1.3　CloudEvents 126
5.1.4　Event Bridge 的应用 126
5.2　Service Bridge：函数访问 BaaS 服务的桥梁 130
5.2.1　Service Bridge 设计目标 131
5.2.2　Service Bridge 架构 134
5.2.3　Service Bridge 功能 138
5.2.4　Service Bridge 其他使用场景 143

6　云数据库服务 154
6.1　云数据库服务介绍 154
6.1.1　Serverless 云数据库——Cloud DB 155
6.1.2　云数据库关键能力 156
6.2　云数据库数据模型 158
6.3　云数据库架构 159
6.3.1　弹性伸缩的多租户架构 159
6.3.2　多租户精细化管理 161
6.3.3　云数据库总结与挑战 162

7　云存储服务 163
7.1　云存储服务介绍 163
7.1.1　Serverless 云存储服务 164
7.1.2　Serverless 云存储服务关键能力 165
7.2　云存储架构 166
7.2.1　总体架构 166
7.2.2　弹性伸缩架构 167
7.2.3　声明式安全规则 168
7.3　云存储服务总结与挑战 170

8 云托管服务 171
8.1 云托管服务架构 172
8.1.1 系统架构 172
8.1.2 核心功能特性 173
8.2 云托管技术原理 174
8.2.1 自定义域名和证书管理 174
8.2.2 证书的自动更新 175
8.2.3 新的 CDN 接入 176

9 翻译服务的 Serverless 架构设计 177
9.1 Serverless 平台与翻译服务 177
9.1.1 AppGallery Connect Serverless 平台 178
9.1.2 云函数 178
9.1.3 云数据库 179
9.1.4 云存储 180
9.1.5 云托管 181
9.1.6 翻译服务 182
9.2 翻译服务架构技术选型 187
9.2.1 业务特点 187
9.2.2 团队特点 189
9.2.3 技术需求 190
9.2.4 成本需求 191
9.2.5 架构选型 192
9.3 翻译服务 Serverless 架构 195
9.3.1 功能架构 196
9.3.2 函数划分策略 197
9.3.3 技术架构 204
9.3.4 关键架构质量属性设计 205

10 翻译服务实战开发 217

10.1 基于 Serverless 技术的翻译服务开发 217
- 10.1.1 翻译服务网站托管 217
- 10.1.2 基于云函数开发后台逻辑 224
- 10.1.3 翻译稿件存储 244
- 10.1.4 使用云数据库管理数据 246
- 10.1.5 翻译服务上线效果 251

10.2 传统开发模式与 Serverless 模式对比 252
- 10.2.1 研发角色和职责变化 253
- 10.2.2 不同开发模式对比 254
- 10.2.3 研发效率对比 255

10.3 Serverless 技术演进 257
- 10.3.1 传统中间件的 Serverless 化 257
- 10.3.2 Serverless 模型化 258
- 10.3.3 与遗留系统的对接 258
- 10.3.4 关键技术瓶颈的突破 259
- 10.3.5 Serverless 低代码平台 259

Serverless 综述

近年来，互联网、移动互联网及物联网的快速发展导致流量、数据量激增，这使应用架构的可扩展性和弹性面临新的挑战。因此，微服务架构脱颖而出，成为企业应用架构的首选。微服务架构提倡将单一应用程序划分成一组小的服务，各服务间互相协调、互相配合，每个服务都运行在独立的进程中，各服务间采用轻量级的通信机制互相沟通，服务围绕具体业务构建，可以独立开发、测试、部署、发布。

微服务的生态和实践已经比较成熟，其设计方法、开发框架、CI/CD 工具、基础设施管理工具等，都可以帮助企业顺利实施微服务。然而，微服务远没有达到完美，它在架构、开发、基础设施方面仍然面临新的挑战。

1.1 微服务面临的挑战

微服务的粒度影响服务的交付速度及扩展性，微服务的开发引入治理组件，增加了开发的难度，以容器为基础的微服务基础设施在弹性等方面仍有不足，而微服务增加带来的基础设施成本也是微服务实施的新挑战。

1. 微服务的粒度仍然比较大

当前微服务划分主要遵循单一职责的原则，比如将用户管理的功能作为一个单独的微服务。如图 1-1 所示，用户管理微服务提供了 API 注册、登录、登出功能。通常，从提升用户体验的角度来看，浏览器会保留用户的会话，除非用户主动登出，否则不会请求登出 API。所以，登出和注册的 QPS 差距较大，对扩展的诉求完全不同。而且，注册 API 和登出 API 的变更频率也可能不同。进一步拆分可以带来扩展性等便利，但整个微服务的数量也会提升一个量级，给基础设施的管理带来负担，那么如何做好架构权衡，既能够拥有架构上的高可扩展性，又不用增加基础设施管理成本呢？

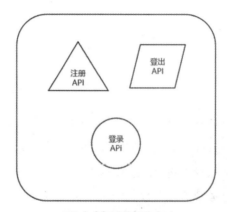

图 1-1　用户管理微服务

2. 微服务开发仍有较高门槛

如图 1-2 所示，Java 微服务开发的软件栈要求开发者掌握以下技能。

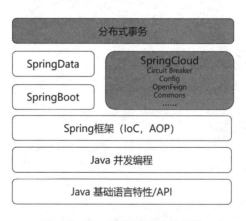

图 1-2　Java 微服务开发技术栈

相比于单体应用开发，微服务开发效率得到提升的部分来自服务粒度减少及开发框架的改进，例如，从复杂的 SpringMVC 演进到 SpringBoot，框架更加轻量化。但在其他方面（并发处理等）并没有什么改变，同时在微服务治理、分布式事务等方面的开发难度反而增加了。服务网格的出现，让开发人员可以不用关心服务治理的内容，但这样会带来服务性能的下降和维护的复杂性，其使用的范围也存在局限。是否存在一种新的编程模型及开发框架，让开发者在了解基本的语言特性和编程模型后，便可上手开发业务逻辑，而不用关心网络、并发、服务治理等问题？

3．微服务基础设施管理、高可用和弹性仍然很难保证

容器和 Kubernetes 工具的使用，提升了应用部署及基础设施运维自动化的能力，但保证基础设施高可用、可扩展对运维人员的能力要求很高。如图 1-3 所示，服务上云后，基础设施团队可以不用再关心服务器、交换机等硬件的运维，但仍然需要关心虚拟机的维护，如安全补丁、基础镜像的更新升级、扩容等。

图 1-3　基础设施团队依然需要管理虚拟机

从 On-Premise 到公有云，实际上虚拟机的可用性在降低，比如云服务商提供的单虚拟机的可用性可能只有 95%。运维人员需要借助云侧的工具来保证基础设施的高可用，难度仍然存在，而且很依赖运维人员的能力。

集群及其他云原生工具的维护也带来额外的挑战。以 Kubernetes 集群为例，维护和管理 Kubernetes 集群需要专业的技能。同理，维护云原生的监控、日志服务的高可用性也有不小的难度。所以，基础设施管理的难度仍然存在，只是从虚拟机转移到容器集群，从 Rsyslog 转移到 ElasticSearch。

对于服务层面的扩展性，当前的策略也比较简单，例如，设定最少和最多使用的虚拟机数量，或者想办法改善根据 CPU/内存使用率来伸缩或扩容的延迟。但是，由于总体资源量不会超过策略设定的虚拟机极限数量,因此一旦请求超过最大资源能承载的范围,可能会影响用户的使用体验甚至会服务中断。以容器为单位的扩容,从虚拟机性能的分钟级减少到 30s 左右,但当面对突发流量时依然会出现响应不及时、用户体验差的情况。是否存在全托管的基础设施及监控运维服务,能提供更好的弹性,从而让开发者无须关心所有底层和集群的维护工作,不再依赖高级运维人员来保证基础设施的可用性?

4.基础设施的成本依然较高

微服务会增加基础设施的成本。每个微服务都要考虑冗余,保证高可用。随着微服务数量的增加,基础设施的数量会呈现指数级增长,但云服务的基础设施收费方式没有改变,依然采用按照资源大小及以小时为单位(或包年)计费的方式。闲时和忙时的收费相同,对企业来说存在成本的浪费。是否存在一种新的基础设施服务,能按照"用多少付多少"的方式收费,从而降低基础设施成本?

微服务面临的这些新问题,是否可以通过新的基础设施服务及开发模式来解决呢?

1.2 什么是 Serverless

2012 年,时任 Iron.io 的副总裁 Ken 提出了 Serverless 的概念,他认为未来的软件和应用都应该是 Serverless 的:"即使云计算兴起,世界仍然围绕着服务器运转。不过,这不会持续下去。云应用程序正在进入无服务器世界,这将对软件和应用程序的创建和分发产生重大影响。"

2014 年,AWS 推出 Lambda 函数计算服务,提供简化的编程模型及函数的运行环境全托管,并且计费方式更加接近实际的使用情况(请求次数和每 100ms 使用的内存资源)。2015 年,AWS 推出 API Gateway(全托管的网关服务),正式将 Serverless 这个概念推广开来。近年来,大部分的云提供商也提供了各种形态的 Serverless 服务,用于支持更多应用的开发和运行。图 1-4 为 AWS Serverless 全景图。

1 Serverless 综述

图 1-4 AWS Serverless 全景图

Google 在 Serverless 上的投入和发展节奏也很快。为了扩大在移动应用开发领域的优势，同时为 Google 云引流，Google 在 2011 年就收购了 Firebase，2016 年将其作为 mBaaS（移动后端即服务）的 Serverless 解决方案推出，以及安卓应用开发的主流云服务。除此之外，Google 也推出了其他 Serverless 服务，以提供跨平台（Android、Web、iOS 等）能力，支持移动、Web 等应用开发，图 1-5 为 Google Serverless 全景图。

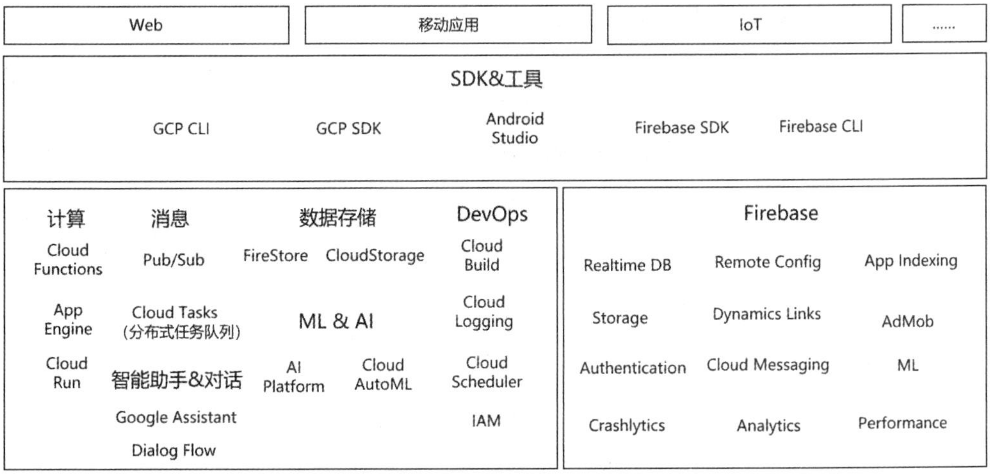

图 1-5 Google Serverless 全景图

华为终端云服务以多年为超过百万移动应用开发者提供服务为基础，结合多年在 Serverless 领域的技术积累，推出了 Serverless 行业解决方案，包含构建类（云函数、认证、云存储、云数据库等）、增长类（推送服务、远程配置等）、质量和分析类（性能服务、崩溃服务等），提供面向移动应用开发的 Serverless 服务。2021 年，云函数、云数据库等核心构建类服务已面向全球 HMS 生态的开发者开放，图 1-6 为 HUAWEI AppGallery Connect Serverless 全景图。

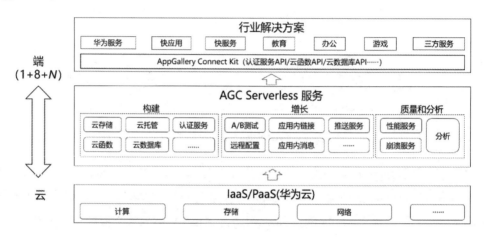

图 1-6　HUAWEI AppGallery Connect Serverless 全景图

1.2.1　Serverless 的定义

那么 Serverless 到底是什么呢？维基百科将 Serverless 定义为一种云计算执行模型。

- 云服务商按需分配计算机资源，开发者无须运维这些资源，不用关心容器、虚拟机或物理服务器的容量规划、配置、管理、维护、操作和扩展。
- Serverless 计算无状态，可在短时间内完成计算，其结果保存在外部存储中。
- 当不使用某个应用时，不向其分配计算资源。
- 计费基于应用消耗的实际资源来度量。

CNCF（Cloud Native Computing Foundation，云原生计算基金会）认为 Serverless 旨在构建和运行不需要服务器管理的应用程序，二者的不同之处在于它描述了一个更细粒度的部署模型，能够以一个或多个函数的形式将应用打包并上传到平台执行，并且按需执行、自动扩展和计费。

Serverless 并不意味着不需要服务器来托管和运行代码，也不意味着不再需要运维工程师。Serverless 是指开发者不再需要将时间和资源花费在服务器调配、维护、更新、扩展和容量规划上，这些任务都由 Serverless 平台处理，开发者只需要专注于编写应用程序的业务逻辑，运维工程师能够将精力放在业务运维上。综合维基百科和 CNCF 的定义，可以认为 Serverless 是一种云计算执行、部署和计费模型，Serverless 服务按请求为应用分配资源，按照使用计费，基础设施全托管（无须关心维护、扩容等）。

目前，Serverless 服务主要分为 FaaS 和 BaaS。

- 函数即服务（Function as a Service，FaaS）：开发者实现的服务器端应用逻辑（微服务甚至粒度更小的服务）以事件驱动的方式运行在无状态的临时容器中，这些容器和计算资源完全由云提供商管理。如图 1-7 所示，从开发者角度来看，FaaS 和 IaaS/PaaS 相比，其扩容的维度从应用级别降低到函数级别，开发者只需关心和维护业务层面的正常运行，其他部分如运行时、容器、操作系统、硬件等，都由云提供商来解决。

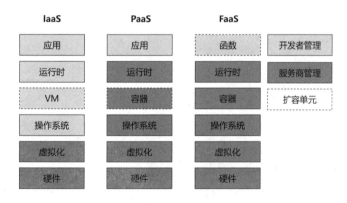

图 1-7　FaaS 与 IaaS、PaaS 的区别

- 后端即服务（Backend as a Service，BaaS）：基于 API 的三方服务，用来取代应用程序中功能的核心子集。由于这些 API 是作为自动扩展和透明运行的服务提供的，因此从开发者和运维工程师的角度来看似乎是无服务器的。非计算类的全托管服务，如消息队列等中间件、NoSQL 数据库服务、身份验证服务等，都可以认为是 BaaS 服务。

FaaS 通常是承载业务逻辑代码的服务，开发者会更为关心，它也是本书重点介绍的内容。

1.2.2 Serverless 关键技术

图 1-8 是典型的 Serverless 系统架构，从中可以看到一些 Serverless 的常用概念。

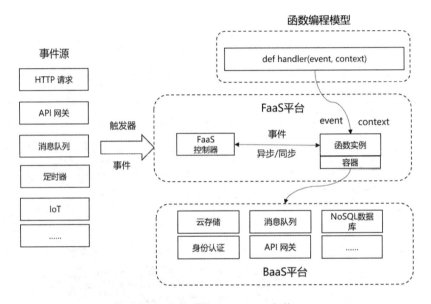

图 1-8 典型的 Serverless 架构

- 事件源（Event Sources）：事件的生产者，可能是 HTTP 请求、消息队列的事件等，通过同步或异步的方式去触发函数。
- 触发器（Trigger）：函数的 REST 呈现，通常是 RESTful URL。当事件源将事件推/拉到触发器时，FaaS 平台会查找触发器和函数的映射关系，从而启动该函数实例，以响应被推/拉到触发器的事件。
- FaaS 控制器（FaaS Controller）：FaaS 平台的核心组件，管理函数的生命周期、扩容和缩容等。可以将函数实例缩容为 0，同时在收到对函数的请求时迅速启动新的函数实例。
- 函数实例（Function Instance）：执行函数的环境，包含函数代码、函数运行环境（如 JRE、Node.js）、上下文信息（如函数运行的配置，通常以环境变量注入）。一个函数实例可以同时处理 1 个或 N 个事件（取决于平台的具体实现）。函数实例通常内置可观测性，将日志和监控信息上报到对应的日志和监控服务中。

- 函数编程模型（Programming Model）：通常表现为函数的编码规范，如签名、入口的方法名等。函数的编程模型一般会提供同步/异步/异常处理机制，开发者只需要处理输入（事件、上下文），并返回结果即可。
- BaaS 平台：函数通常是无状态的，其状态一般存储在 BaaS 服务中，如 NoSQL 数据库等。函数可以基于 REST API 或 BaaS 服务提供的 SDK 来访问 BaaS 服务，而不用关心这些服务的扩容和缩容问题。

结合图 1-8 中典型 Serverless 架构的架构元素，从 Serverless 系统的实现来看，其关键技术需求包括以下几点。

- 函数编程模型：提供友好的编程模型，使开发者可以聚焦于业务逻辑，为开发者屏蔽编码中最困难的部分，如并发编程等。同时，需要原生支持函数的编排，尽量减少开发者的学习成本。
- 快速扩容：传统的基础设施通常都是从 1 到 n 扩容的，而 Serverless 平台需要支持从 0 到 n 扩容，以更快的扩容速度应对流量的变化。同时，传统基础设施基于资源的扩容决策周期（监控周期）过长，而 Serverless 平台可达到秒级甚至毫秒级的扩容速度。
- 快速启动：函数被请求时才会创建实例，该准备过程会消耗较长的时间，影响函数的启动性能。同理，对于新到达的并发请求，会产生并发的冷启动问题。Serverless 平台需要降低冷启动时延，以满足应用对性能的诉求。
- 高效连接：函数需要将状态或数据存放在后端 BaaS 服务中，而对接这些服务往往需要繁杂的 API，造成开发人员的学习负担。如果能提供统一的后端访问接口，则可以降低开发和迁移成本。另外，Serverless 平台的函数实例生命周期通常较短，对于如 RDS 数据库等后端服务无法保持长连接。然而，在并发冷启动场景下，大量函数实例会同时创建与数据库的连接，可能会导致数据库负载增加而访问失败。为此，Serverless 平台需要为函数提供完备、高效、可靠的 BaaS 服务连接/访问接口。

- 安全隔离：Serverless 是逻辑多租的服务，租户的函数代码可能运行在同一台服务器上。基于容器的方式，一旦单个租户的函数遭受攻击，造成容器逃逸，会影响服务器上所有租户的函数安全。所以，通常 Serverless 平台会采用安全容器的方式，引入轻量级虚拟化技术来保证隔离性，但这同时会引入额外的性能（启动）和资源开销等问题。因此，Serverless 平台需要兼顾极致性能和安全隔离。

虽然业界涌现的各种 Serverless 系统在实现上可能有所不同（如本节介绍的多个函数计算平台），但基本的概念、原理和关键技术是相通的，各个系统在实现时都需要应对以上所述的技术挑战。

1.3　Serverless 带来的核心变化

从开发者或商业的角度看来，Serverless 的价值在于全托管及创新的计费模式。但从技术的角度看，Serverless 从架构、开发模式、基础设施等层面都有不同程度的创新。

1.3.1　Serverless 的技术创新

Serverless 基于事件驱动的架构，它的编程模型和运行模式简化了开发模式，融入了不可变基础设施的最佳实践。

1. Serverless 是事件驱动架构的延伸

Serverless 更容易实现事件驱动的应用。在分布式系统中，请求/响应的方式和事件驱动的方式都存在。请求/响应是指客户端会发出一个请求并等待一个响应，该过程允许同步或异步方式。虽然请求者可以允许该响应异步到达，但对响应到达的预期本身就在一个响应和另一个响应之间建立了直接的依赖关系[1]。事件驱动的架构是指在

---

[1] Cornelia Davis. 云原生模式[M]. 张若飞，宋净超，译. 北京：电子工业出版社，2020.

松耦合系统中通过生产和消费事件来互相交换信息。相比请求/响应的方式，事件的方式更解耦，并且更加自治。例如，在图片上传后进行转换处理的场景，以往需要一个长时运行的服务去轮询是否有新图片产生，而在 Serverless 下，用户不需要进行编码轮询，只需要通过配置将对象存储服务中的上传事件对接到函数即可，文件上传后会自动触发函数进行图片转换。

Serverless 架构的基本单元从微服务变为函数。微服务的每个 API 的非功能属性有差异，比如对性能、扩展性、部署频率的要求并不相同，进一步拆分的确有助于系统的持续演进，但相应会带来指数级的服务数量增长，导致微服务的基础设施和运维体系难以支撑。Serverless 架构可以将微服务的粒度进一步降低到函数级，同时不会对基础设施和运维产生新的负担，只是增加了少量的函数管理成本，相比其带来的收益这是完全可以接受的。

基于 Serverless 更容易构建 3-Tier 架构应用。3-Tier 是指将应用分为 3 层，即展示层、业务层及数据层，并且会部署在不同的物理位置。如 Web 应用，其展示层和业务层在物理层面往往会在一起部署。以图 1-9 中的宠物商店应用为例，在基于微服务的部署视图中，其业务层和展示层在一起部署；而在基于 Serverless 的部署视图中，展示层可以托管在对象存储服务中，业务层由 FaaS 托管，数据层由云数据库托管，实现了 3-Tier 在物理上的独立部署。同时，各层独立扩展，技术独自演进。

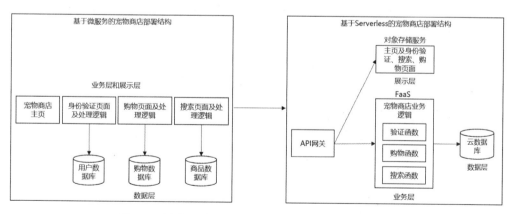

图 1-9　通过 Serverless 构建三层架构的宠物商店应用

2．Serverless 简化了开发模式

微服务提供了丰富的框架，方便开发者进行开发，但同时也增加了开发者的认知负担，同样是使用 Java，基于 Serverless 开发服务，开发者只需掌握 Java 的基础特性、函数编程框架及 BaaS 的 SDK 即可，如图 1-10 所示。

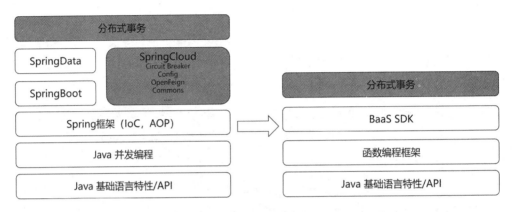

图 1-10　基于 Java 的微服务开发和函数开发差异

函数的编程框架相比 Spring/SpringBoot 要简单很多，开发者只需了解输入输出处理（通常为 JSON）及如何处理业务逻辑。如图 1-11 所示，Serverless 系统可以是 1∶1 的触发模型，每个请求被一个单独的函数实例处理，每个实例可以被视为一个单独的线程，系统自动根据请求数量扩展函数实例，开发者不用理解 Java 的并发编程也可以轻松实现对高并发应用的支持。

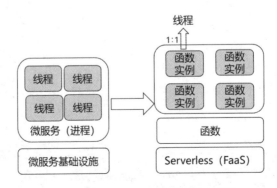

图 1-11　Serverless 支持应用的高并发

基于函数的编程模型，可以继续对数据进行抽象操作。例如，Azure Function 提供的 Data Binding 功能，允许开发者用一套配置和一种编程模型操作不同存储服务的数据，让开发服务变得更加简单，降低开发人员的认知负担，进而提升开发效率。

3. Serverless 是不可变基础设施的最佳实践

Serverless 直接以代码方式部署，开发者不用再考虑容器镜像打包、镜像维护等问题。系统通常在部署时重新创建函数实例，在不使用时回收实例，每次处理用户请求的可能都是全新的实例，降低了因为环境变化出错的风险。而这些部署及变更的过程，对用户来说只是更新代码，其复杂度相比使用容器及 Kubernetes 大大降低。Serverless 在扩展性方面也具有优势。FaaS 和 BaaS 对开发人员来说没有"预先计划容量"的概念，也不需要配置"自动扩展"触发器或规则。缩放由 Serverless 平台自动发生，无须开发人员干预。请求处理完成后，Serverless 平台会自动压缩计算资源，当面对突发流量时，Serverless 可以做到毫秒级扩容，保证及时响应。

基于 Serverless 的服务治理也更简单。例如，通过 API 网关服务可以对函数进行 SLA（服务水平协议）设置限流，函数请求出错后会自动重试，直至进入死信队列，开发者可以针对死信队列进行重放，最终保证请求得到处理。

Serverless 平台默认对接了监控、日志、调用链系统，开发者无须再费力单独维护运维的基础设施。虽然当前 Serverless 的监控指标并不如传统的监控指标丰富，但是其更关注的是应用的黄金指标，如延迟、流量、错误和饱和度。这样可以减少复杂的干扰信息，使开发者专注在用户体验相关的指标上。

1.3.2　Serverless 的其他优点

除了以上的技术创新，Serverless 还有一些额外的优点。

- 加快交付的速度：函数的代码规模、测试规模相比微服务又降低了一个量级，可以更快地开发、验证及通过持续交付流水线发布。
- 全功能团队构建更加容易：微服务实施的关键之一在于全功能团队。全功能团队通常由不同角色（前后端开发人员、DevOps 等）组成。如果一段时间内前端开发任务较多，可能会出现前端开发人员不足导致交付延期的情况，反之亦然。采用全栈工程师是一个有效的解决方案,但这样的工程师比较稀缺,培养周期较长。Serverless 让前后端技术栈统一变得更简单,比如使用 Node.js、Swift、Flutter 等统一前后端技术,开发者从而可以使用一门技术实现前后端业务的开发,最终使团队效率倍增。

1.3.3 Serverless 和微服务的差异

为了说明 Severless 开发与微服务开发的区别,表 1-1 对比了整个软件开发流程中微服务和 Serverless 在每个阶段的活动,从设计、开发、上线到持续服务,Serverless 相比微服务在开发难度及工作量上大幅降低,最终体现为更少的业务上线时间和更稳定的运行质量。本书的第 3 部分将以 Serverless 方式开发翻译服务,通过案例具体对比和展示使用 Serverless 开发的收益。

表 1-1 微服务和 Serverless 开发的差异

阶 段		微 服 务	Serverless
设计		基于 DDD(Domain-Driven Design)进行领域建模,定义服务; 开发框架和中间件选型; 组件可靠性及扩展性设计	可按照业务流设计函数; 聚焦系统功能与性能设计; 使用 Serverless 服务
开发	开发环境准备	开发环境资源申请与分配,依赖流程; 基础环境部署; 中间件部署	直接使用,无须申请或准备
	代码开发与调试	微服务框架学习与使用; 代码规模较大,调试较难	代码规模小,开发调试简单; 聚焦业务逻辑开发
	测试环境准备及部署	测试环境资源申请及分配,依赖流程; 基础环境部署; 中间件及服务部署	直接使用,无须申请或准备
	单元测试/集成测试	单元测试及集成测试规模较大	函数测试规模较小
上线	版本发布	月度版本计划,系统整体发布	各函数独立版本,随时发布
	生产环境准备及部署	现网环境资源申请及分配; 基础环境部署; 中间件部署; 服务部署	直接使用,无须申请或准备

续表

阶 段		微 服 务	Serverless
持续服务	持续运维	基础设施及业务的监控告警； 弹性伸缩，容错容灾 ……	只关注业务运维

1.4 Serverless 生态现状

Serverless 当前生态发展迅速，平台、事件总线、开发部署框架、工作流及持续交付等方面都出现了相应的工具，并且使用范围较广，如图 1-12 所示。

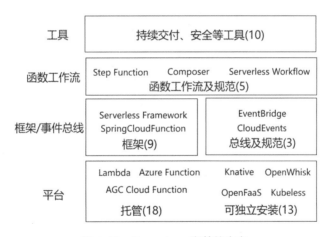

图 1-12 Serverless 当前的生态

- 平台：亚马逊 AWS、微软 Azure、华为 AGC 等云服务商都提供包含函数计算的 Serverless 服务。开源的平台也层出不穷，且各有特点，如 Knative、OpenWhisk 等。
- 框架：初期的函数开发框架是为了更高效地开发针对平台的函数及部署，后续出现的框架则更注重跨平台，以及兼容开发人员熟悉的编程模型。
- 事件总线：云服务商需要接入自身平台、第三方平台的 SaaS 服务或其他事件源，这些事件编码格式、协议可能不尽相同，需要开发者写胶水代码并单独将其部署。事件总线服务就是为了解决这个问题。
- 函数工作流：方便函数编排的工作流服务/软件。
- 工具：针对函数的开发、调试、运行期安全、监控日志等场景的工具，此处不具体展开。

1.4.1 平台

本节将介绍典型的商用函数计算服务 Lambda 和 Azure Function，以及两个开源的系统 OpenWhisk 和 Knative。

1.4.1.1 支持1∶1触发的AWS Lambda

AWS 于 2014 年 11 月推出 Lambda 函数计算服务，可响应事件运行代码，并自动管理计算资源，从而轻松构建快速响应事件的应用程序。当时的 AWS Lambda 应用场景是图片上传、应用内事件、网站单击或连接设备的输出事件等，其目标是在这些事件发生后的 1 毫秒内开始自动启动代码运行并处理事件。此外，根据自定义请求自动触发的后端服务也是其应用场景。Lambda 可以实现自动弹性扩容，降低了基础设施运维管理成本，也减轻了流量动态变化时的应用扩容和缩容负担。除了架构创新，Lambda 还创新了计费模式，将以往按照资源使用时长（以小时为单位）的计费模式，调整为以 100ms（2020 年 AWS re:Invent 大会宣布以 1ms 为计费单位）为计费单位，可以大幅降低一些后台任务或请求量较低的后端服务的资源开销。

Lambda 是第一个商用的函数计算服务，接下来我们将以 Lambda 的架构为例，介绍事件在 Lambda 中处理的流程及其组件的基本功能，然后介绍其编程模型及当前的一些新特性和趋势。

图 1-13 是 AWS Lambda 的逻辑架构[①]，分为控制面和数据面。控制面分为开发者工

[①] Marc Brooker，Holly Mesrobian.AWS re:Invent 2018: [REPEAT 1] A Serverless Journey: AWS Lambda Under the Hood (SRV409-R1)，2018.

具和控制面接口，数据面主要用于支撑对函数的同步、异步调用，以及处理对函数的请求。

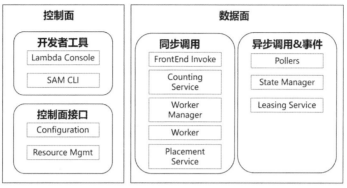

图 1-13　AWS Lambda 的逻辑架构（详见 AWS Reinvent 演讲）

第一部分控制面包含如下内容。

- 开发者工具：Lambda Console 是给开发人员使用的 Web 控制台，用来编辑、管理函数。SAM CLI 是 Lambda 提供的命令行工具，同时抽象了函数部署的模型，方便开发人员使用命令行管理函数、自动化部署等。
- 控制面接口：提供给控制台/SAM CLI 调用，是进行函数生命周期管理、代码包管理的接口。

第二部分数据面包含如下内容。

- Pollers/State Manager/Leasing Service：Pollers 处理拉模型下的 Poll 触发器，从 SQS、Kinesis、Dynamodb 服务中异步获取事件，然后将事件抛给 Frontend Invoke 处理。State Manager 和 Leasing Service 配合 Pollers 完成上述过程。
- FrontEnd Invoke：处理对函数的同步请求和异步请求，请求 Worker Manager 获取空闲的函数实例，并将对函数的请求转发给该函数实例。
- Counting Service：监控租户在整个 Region 上的并发度，如果请求超过并发上限，可按照用户的请求提高并发上限。
- Worker Manager：管理函数实例的状态空闲或繁忙，并接收 FrontEnd Invoke 的请求，返回可用的实例信息。
- Worker：准备执行租户函数代码的安全环境。

- Placement Service：池化调度服务，将 Worker 分配给 Worker Manager，并通过调度策略通知 Worker 启动安全沙箱，下载函数代码并执行。

Lambda 采用 1∶1 的触发模型，只要没有空闲的函数实例，Lambda 就会启动新的函数实例来处理新的请求，下面是其典型的请求处理流程，如图 1-14 所示。

① FrontEnd Invoke 收到函数的请求，进行鉴权检查，并判断其是否超过该租户的并发上限。

② FrontEnd Invoke 没有找到可用的函数实例，向 Worker Manager 申请新的函数实例。

③ Worker Manager 没有找到合适的 Worker，向 Placement Service 申请新的 Worker。

④ Placement Service 分配新的 Worker，并通知 Worker Manager。

⑤ Worker Manager 通知 Worker 拉起沙箱，下载函数代码、初始化 Runtime，完成函数实例准备，并通知 FrontEnd Invoke，提供到函数实例的路由信息。

⑥ FrontEnd Invoke 将请求转给函数实例，函数实例完成消息处理后，通知 Worker Manager 当前实例已空闲，可以接收下一次请求。

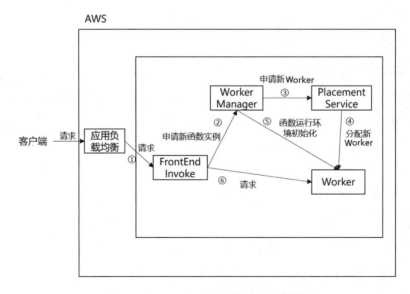

图 1-14　Lambda 中请求处理的典型流程

1 Serverless 综述

如果函数实例未被系统回收，那么对函数的请求可以直接处理，不需要经历②～⑤的流程。

从运行模型的角度看，Lambda 采用轻量级虚拟机技术来保证逻辑多租时的安全性，并提供面向多语言的 Runtime 来执行不同的函数，如图 1-15 所示。

```
┌─────────────────────┐
│      函数代码        │
├─────────────────────┤
│   Lambda Runtime    │
├─────────────────────┤
│      Sandbox        │
├─────────────────────┤
│      GuestOS        │
├─────────────────────┤
│     Hypervisor      │
├─────────────────────┤
│    宿主操作系统      │
├─────────────────────┤
│  硬件（裸金属服务器）  │
└─────────────────────┘
```

图 1-15 Lambda 的运行模型

Lambda 的节点基于裸金属服务器而非虚拟机，沙箱基于容器技术。对于物理多租的场景，比如容器服务出现逃逸攻击等安全问题，其风险仅限于该租户。而函数计算是逻辑多租的，某个租户的函数出现安全问题会影响所有租户。因此，Lambda 自主研发了轻量级虚拟机（MicroVM）技术 FireCracker，基于 KVM（基于内核的虚拟机）并使用 Rust 语言开发实现，可以有效保证租户函数的安全。FireCracker 相比基于 QEMU 的虚拟机更为轻量，其基础资源占用内存小于 5MB，部署密度较高。不过，FireCracker 的冷启动时间还是相对比较高的，约为 125ms，这是影响函数冷启动时间的主要因素。Lambda 的数据面在裸金属服务器上运行，而不在 EC2 的虚拟机上运行，也缘于此。嵌套虚拟化的资源开销过高，影响执行效率及成本。FireCracker 提供安全、低开销的隔离虚拟机，在虚拟机中运行容器沙箱，并针对不同语言（如 Java、JavaScript 等）提供函数的运行时环境。在 Lambda 最上层的为函数代码，Runtime 将事件转给代码处理，完成后再由 Runtime 返回。

Lambda 提供了同步、异步编程模型，也提供了不同的错误自动处理机制。以 Lambda 文档中 JavaScript 代码为例，Lambda 提供了 invoke(params = {}, callback)接口完成对函数的同步调用和异步调用。该接口默认为同步调用，第二个参数为回调函数，处理成功或失败的响应。当请求失败时，Lambda 最多可能会重试两次，彻底失败后抛出异常，下面是同步调用的代码样例。

```
var params = {
 FunctionName: "my-function",
 Payload: <Binary String>,
 Qualifier: "1"
};
lambda.invoke(params, function(err, data) {
  if (err) console.log(err, err.stack);      // 发生错误，输出日志
  else     console.log(data);                // 成功响应
  data = {
   Payload: <Binary String>,
   StatusCode: 200
  }
});
```

异步调用使用相同接口，只是在请求的参数中，需要将 InvocationType 修改为 Event。Lambda 会把异步的请求先发送到消息队列中，如果函数限于并发能力无法及时处理事件，则可能出现事件丢失甚至事件重复发送的情况，所以函数处理的业务最好保证幂等。Lambda 提供了死信队列功能，用于保存出错的异步请求或没有处理的事件。用户配置好死信队列后，异步请求出错或未处理的事件会被发送到死信队列（基于 SQS 服务），用户可以根据自己的业务逻辑来继续处理这些异步请求失败的事件。下面是 Lambda 进行异步调用的代码样例。

```
var params = {
 FunctionName: "my-function",
 InvocationType: "Event",     // 异步调用
 Payload: <Binary String>,
 Qualifier: "1"
};
lambda.invoke(params, function(err, data) {
……
});
```

DataDog 是一个专注于云基础设施监控和安全的公司，2020 年 DataDog 在向 AWS 提供的 Serverless 服务调研报告（详见 DataDog 官网）中指出，约有 50%的 AWS 用户使用了 Lambda，而在使用容器的用户中，有 80%使用了 Lambda。从 DataDog 的报告中可以发现，上云的客户可能呈现从虚拟机到容器再到函数的使用趋势。AWS 在 2020 年 re:Invent 上发布的一些新特性会加速这一趋势，具体分析如下。

- 计费单位改为 1ms：过去 Lambda 的计费模型是以 100ms 为计费单位的，更换为 1ms 的计费单位后，用户使用函数的成本可能会大幅降低。如果函数的实际执行时间为 28ms，按照以前的计费方式，对于 1GB 的内存配置，6000 万次请求的资源开销为 100$，而按照以 1ms 为粒度的计费模式只需要 28$，开销降低了 72%。

- 内存以 1MB 为步长计费：过去的 Lambda 函数的内存规格以 128MB 起步，以 64MB 为步长增加。如果函数只需要 140MB 的内存，可申请的规格也只能是 192MB，有 52MB 的内存被浪费了。以 1MB 为计费步长，可以降低函数的使用成本。

- 最大支持 6VCPU 和 10GB 内存配置，并支持 AVX2 指令集：提升函数最大资源规格，可以将函数计算的应用范围拓展到机器学习和推理、视频处理、高性能计算、科学模拟及财经建模等丰富场景。AVX2 指令集是 Intel 服务器 CPU 支持的指令集，可以在每个 CPU 周期进行更多整数和浮点数运算，对于图片处理等场景可以提升 30%的性能。Lambda 不会对此收取额外费用，用户只需要重新编译依赖的类库以增加对 AVX2 的支持。

- 自定义容器：Lambda 以前只支持自定义 Runtime，只能在层功能的基础上实现。层（Layer）类似于容器的分层文件系统，用于在函数间共享代码。自定义容器的自由度更大，开发者可以将业务代码打包成容器，并集成 Lambda Runtime API，将其发布到 AWS 的容器镜像服务后，就可以在函数创建时将其指定为镜像。自定义容器极大地方便了开发者在本地进行调测，也方便容器化的应用近似无缝地向 Lambda 迁移。

从 Lambda 的最新特性不难看出其正在通过以下三种方式加速开发者向 Lambda 迁移。

- **降低成本**：计费形式的改变及对指令集的支持（提升性能会减少运行时间）都进一步降低了 Lambda 的使用成本。这是吸引开发者从虚拟机、容器向函数服务迁移的最大动力。

- **扩大应用场景**：新的资源规格将 Lambda 的触手伸向了功能和性能要求更高的领域。例如，近年来学术界出现了基于函数进行高性能计算、机器学习的研究案例。虽然函数的资源（CPU、内存、I/O 和网络带宽等）是受限的，但是其扩展性强。例如，2017 年伯克利大学的里斯实验室推出了基于 Lambda 的 PyWren 框架[①]，并发 2800 个函数实例，其峰值算力达到了 40TFLOPS，峰值 I/O 达到了 80GB/s（读）、60GB/s（写）。这意味着不用去申请和管理高性能计算集群，通过函数计算平台也可以获得高性能的算力。

- **降低容器应用迁移成本**：自定义容器可以极大地降低容器应用迁移到 Lambda 的成本，开发者不用修改业务代码，只需增加一段支持 Lambda Runtime API 的脚本。开发者也可以不使用 Lambda 的编程模型，继续使用以往的开发框架及工具集，使本地调测更容易。在开发效率不降低的同时，发布和维护会大幅简化。

从 AWS Lambda 推出的新特性不难看出，AWS 在不断地扩大 Serverless 的应用场景，同时不停降低其成本，让基于容器、虚拟机的服务更容易地迁移到函数平台上。这不禁会让人遐想，Serverless 的未来可能真会如伯克利所预言的那样，成为云时代默认的计算范式。

1.4.1.2 支持数据绑定的Azure Function

Azure 的函数计算平台和 Lambda 的实现机制不同，在使用方式上也有差异，但整体也采用事件驱动的架构，并提供了多种事件源的接入，如图 1-16 所示。

[①] Eric Jonas，Shivaram Venkataraman，Ion Stoica，et al. Occupy the Cloud: Distributed computing for the 99%[A]. SoCC 17th，2017.

1 Serverless 综述

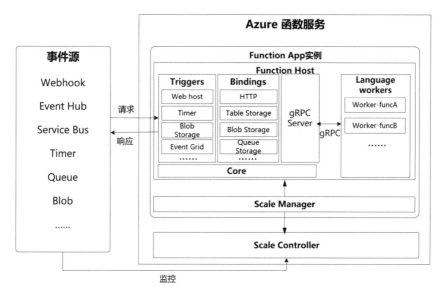

图 1-16　Azure Function 逻辑结构

Azure 和 Lambda 的具体差异如下。

- 触发模型：Lambda 是 1∶1 的触发模型，即每个函数实例只处理一个事件，如果有新的事件，系统启动新的函数实例来处理。而 Azure Function 则是 1∶N 的模型，一个函数实例处理多个请求。

- 管理粒度：Lambda 管理的粒度是函数，而 Azure 管理的粒度是 App，每个 App 下可以有多个函数，App 对 Function 进行统一管理。同理，Azure 的扩容粒度也是 App。

- BaaS 访问：Lambda 并没有抽象 BaaS（对象存储服务、数据库、缓存）的接口，函数访问不同的 BaaS 服务需要开发者自己接入不同的 SDK。Azure Function 通过 Data Binding 抽象了不同的 BaaS 服务，开发人员只要使用配置文件就可以操作数据，简化了 BaaS 服务使用的方式，如图 1-17 所示。Data Binding 将函数对数据的操作抽象为 in/out，开发人员只需要通过 function.json 配置数据 in/out 的信息，比如要读取的数据源是哪种 BaaS 服务（是消息队列还是 NoSQL 数据库）、对应的表是什么，进而在函数中直接操作配置 Binding 的对象即可，无须再调用 BaaS 服务 SDK、创建连接的客户

23

端等。同理，函数只需要返回对象，剩余的操作都由 Azure Function 运行时代为处理。

- 可移植性：Azure Function 可以直接基于 Kubernetes 运行，结合 KEDA（详见 KEDA 官网），可以让 Azure 的函数代码运行在任何 Kubernetes 的环境中，其可移植性比 Lambda 更好。

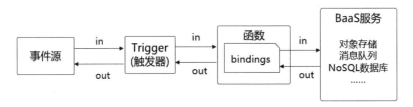

图 1-17 Azure Function 的编程模型

下面是 Azure Function 文档中 Data Bindings 使用示例的配置文件 function.json 的内容。

```
"bindings": [
 {
  "type": "queueTrigger",
  "direction": "in",
  "name": "order",
  "queueName": "myqueue-items",
  "connection": "MY_STORAGE_ACCT_APP_SETTING"
 },
 {
  "type": "table",
  "direction": "out",
  "name": "$return",
  "tableName": "outTable",
  "connection": "MY_TABLE_STORAGE_ACCT_APP_SETTING"
 }
]
```

Bindings 的配置文件有两部分，第一部分是输入即消息队列触发器的消息，包含接收事件源的消息队列 Topic 为 myqueue-items，映射到代码中的对象名称为 order；第二部分是函数输出的信息，函数会将处理完的返回值写到 Azure 的 Table Storage 中，所以

direction 是 out。配置信息表示函数的返回值将会写到 outTable 中。

配置文件中的 Connection 是包含连接字符串的为应用程序设置的名称，用来表示对消息队列和 Table Storage 的连接。

Data Bindings 示例对应的 Javascript 函数代码如下。

```
module.exports = function (context, order) {
   order.PartitionKey = "Orders";
   order.RowKey = generateRandomId();
   context.done(null, order);
};
function generateRandomId() {
   return Math.random().toString(36).substring(2, 15) +
      Math.random().toString(36).substring(2, 15);
}
```

order 是消息队列 myqueue-items 的一个事件，它是一个 JSON 对象。代码将分区的键改为 Order，然后随机生成了一个 ID 并将其作为 RowKey 的值，再将 order 返回。

在这个过程中，代码没有创建读写 BaaS 服务的客户端，没有管理 BaaS 服务连接信息，编码量大大降低。同时，开发人员不需要去了解不同 BaaS 服务的 SDK，Bindings 的配置会隐藏这些接口，同时 Azure Function 的 Runtime 会完成剩余的实际数据操作。

1.4.1.3　支持服务型和事件型应用的Knative

Knative 是基于 Kubernetes 生态的开源 Serverless 项目，其目的是提供一个容器平台，既可以支持开发者运行 Serverless 容器，帮助开发者解决服务型应用的负载均衡、路由及弹性扩容和缩容（Scale to 0），又可以支持事件驱动型应用的 Serverless 化运行。简单来说它就是服务网格和 Lambda 的结合体，只是它没有编程模型的约束。2019 年，Google 发布基于 Knative 的新服务 Cloud Run，这也是开源 FaaS 平台中少数实现商用的项目。

Knative 基于 Kubernetes，主要由两大部分组成：Serving（应用容器运行，基于 Istio 能力实现负载均衡、流量管理及自动扩容）和 Eventing（支持事件驱动的应用，对接云服务商或其他事件源），如图 1-18 所示。本节主要介绍 Eventing 的相关内容。

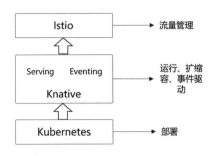

图 1-18　Knative 的组成和基本功能

Knative Eventing 旨在满足微服务开发的通用需求，提供可组合的方式绑定事件源和事件消费者，其设计目标如下。

- 提供松耦合服务，可独立开发和部署。松耦合服务可跨平台使用（如 Kubernetes、VM、SaaS、FaaS）。
- 事件的生产者（事件源）和消费者相互独立。事件的生产者可以于事件的消费者监听之前产生事件；同样，事件的消费者可以于事件产生之前监听事件。
- 支持第三方的服务对接。
- 确保跨服务/云平台的互操作性，遵循 CNCF 的 Cloud Event 规范，详见 1.4.3 节。

Eventing 主要由事件源（EventSource）、事件处理（Flow）及事件消费者（Event Consumer）三部分构成，如图 1-19 所示，Eventing 支持的事件源较多，包括典型的消息队列（Kafka、RabbitMQ）、数据库（CouchDB）、WebHooks（Gitlab、Github）、WebSocket，以及第三方事件源（如 AWS 云侧服务、Slack 等）。

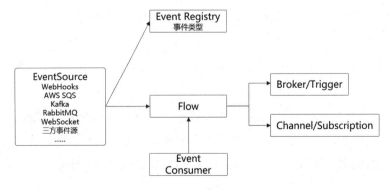

图 1-19　Eventing 的组成

如图 1-20 所示，Eventing 支持三种事件处理方式。

- 事件直接处理：通过事件源直接转发到单一事件消费者。
- 事件转发和持久化：通过事件通道及事件订阅转发事件，以保证事件不丢失并可进行缓冲处理。订阅事件可以将事件发给多个消费者处理（扇出）。
- 事件过滤：由 Broker 接收事件源发送的事件，通过事先定义好的一个或多个 Trigger 将事件发送给消费者，并且可以按照事件的属性进行过滤。

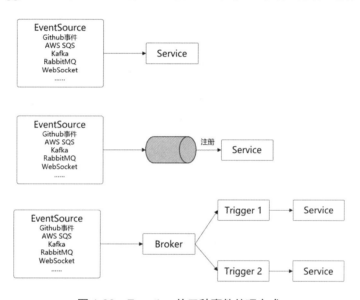

图 1-20　Eventing 的三种事件处理方式

事件消费者是用来最终接收事件的，Eventing 定义了两个通用的接口作为事件消费者。

- Addressable：提供可用于事件接收和发送的 HTTP 请求地址，并通过 status.address.hostname 字段定义。
- Callable：接收并转换事件，可以按照处理来自外部事件源事件的方式，对这些返回的事件做进一步处理，以用于事件转发的场景。

Eventing 中的组件都以自定义资源的方式部署，其扩展性较好，如果需要支持新的事件源、Broker 及 Trigger，只需要按照接口实现部署即可。对于熟悉 Kubernetes 生态的开发者，Knative Eventing 是一个不错的选择。

1.4.1.4 支持多平台部署的OpenWhisk

OpenWhisk 是 IBM 发起的开源 Serverless 平台，现已被捐献给 Apache 基金会，在 2019 年 7 月份晋升为 Apache 基金会顶级项目。

与 IBM 云平台同源的 OpenWhisk，有很多优秀的特性，比如支持多平台部署（Docker、Kubernetes、Openshift、Mesos 等），开发者通过 docker-compose 就可以将整个平台在自己的 PC 上运行起来。OpenWhisk 支持多语言，支持同步、异步编程方式，提供 Composer 来实现函数的编排（基于函数的编程模型），降低了整体的学习成本。在扩展性方面，OpenWhisk 支持按照请求的弹性伸缩。

OpenWhisk 是事件驱动的编程模型，包含 Action、Trigger、Rule、Feed 等概念。OpenWhisk 的编程模型如图 1-21 所示。

- Event Source（事件源）：生成事件的服务，事件通常反映数据的变化或本身携带的数据，如消息队列中的消息、数据库中数据的变化、网站或 Web 应用交互、对 API 的调用等。
- Feed（事件流）：属于某个触发器的事件流。OpenWhisk 支持以钩子、轮询和长连接的方式处理事件流。
- Trigger（触发器）：接收来自事件源的一类事件的管道，每个事件只能发给一个触发器。
- Rule（规则）：关联触发器和函数的规则。与其他 Serverless 平台不同，OpenWhisk 可以通过规则让一个触发器绑定不同的函数，以原生支持 Fan-out（扇出）。
- Action（函数）：Action 是在 OpenWhisk 上执行的无状态、短生命周期的函数。

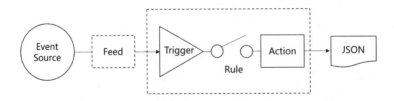

图 1-21 OpenWhisk 的编程模型（详见 OpenWhisk 官方文档）

图 1-22 是 OpenWhisk 架构图，OpenWhisk 的组件及详细作用如下。

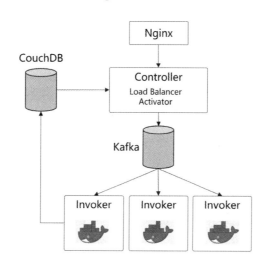

图 1-22　OpenWhisk 架构图

- Nginx：Nginx 是进入 OpenWhisk 的第一个组件，在整个系统中起着网关的作用。作为系统的反向代理，Nginx 将消息转发给 Controller，同时完成 SSL 卸载。
- Controller：Controller 作为 OpenWhisk 的控制组件，负责函数的调用、请求负载均衡，以及函数和触发器的管理 API（函数和触发器的增、删、改、查等）。Controller 会通过 CouchDB 对请求进行鉴权，鉴权通过后再触发对函数的请求。不同于其他 Serverless 平台，OpenWhisk 的 Controller 使用 Scala 语言开发。Controller 包含 Load Balancer 和 Activator 两个组件。Load Balancer 用于选择合适的 Invoker 来执行函数，通过健康检查感知 OpenWhisk 系统中可用的 Invoker，进而通过哈希算法选择合适的 Invoker 处理请求。这样做的好处是可以将相同的函数调度到同一个 Invoker 上，最大程度重用缓存、容器等资源，避免容器的创建及初始化等操作开销。Activator 用于处理触发器的事件，可根据规则调用触发器绑定的函数。
- Kafka：和其他 Serverless 平台只对异步请求使用消息队列的方式不同，OpenWhisk 对于同步请求和异步请求都使用 Kafka 消息队列，借助 Kafka 的持久化能力，当系统崩溃时消息不会丢失，并且消息队列可以作为高负载下的缓冲队列，降低系统的内存占用。

- Invoker：Invoker 是 OpenWhisk 的核心模块，用于从 Kafka 中读取需要触发的函数代码和参数，并根据参数启动执行函数的容器，然后返回结果。考虑到执行函数的隔离性和安全性，它使用 Docker 来启动运行时，执行具体的函数。
- CouchDB：CouchDB 是 OpenWhisk 的状态存储数据库，用来存储鉴权认证信息、函数、触发器、规则等定义及函数的运行响应信息。

OpenWhisk 的事件处理流程如图 1-23 所示，当消息通过 Nginx 进入 Controller 后，Controller 根据哈希算法选择对应的 Invoker 来执行函数，同时为该请求生成全局唯一的 ActivationID（在 CouchDB 中创建数据项），并将请求的事件、ActivationID 等信息写入 Invoker 注册的消息队列中。Invoker 先获取要触发的函数信息及参数，再从 CouchDB 获取函数代码及其元数据，然后启动对应语言运行时的容器执行函数。首次启动的容器会调用 /init 接口进行初始化，然后调用 /run 接口执行 Action。根据请求的类型不同，Invoker 会将结果返回到不同的地方。如果是异步请求，则 Invoker 会将执行结果存入 CouchDB，客户端可以根据 ActivationID 从 CouchDB 中查询到结果。如果是同步请求，则 Invoker 会将执行结果直接写到完成的消息队列中，Controller 会注册到该队列中并获得相关消息。根据消息中的 ActivationID，Controller 可以将正确的响应内容返回给客户端。

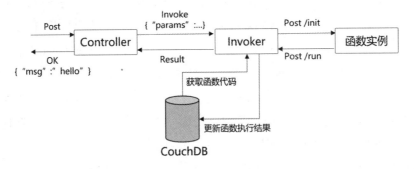

图 1-23　OpenWhisk 的事件处理流程

OpenWhisk 设计架构简单、易理解，支持多平台操作，且原生支持编排（参见 1.4.4）

也降低了开发者的学习成本。此外，OpenWhisk 的开发者生态也较为完备，支持多语言，文档完善，提供自动化工具 CLI，这些方面优于其他开源 Serverless 平台。

1.4.2 框架

本节将介绍 Spring Cloud Function 框架和 Serverless Framework 框架。

1.4.2.1 跨平台开发框架Spring Cloud Function

Java 语言的设计目标 Write Once、Run Anywhere 提升了语言的可移植性。虽然 Serverless 编程提升了开发者的开发效率，但是在可移植性上却不尽如人意，函数代码需要进行改造才能在其他平台运行，对需要多云或需要在云服务商间迁移的开发者来说增加了移植的成本。

以 AWS Lambda 和 Azure Function 文档代码为例，Java 函数代码写法如下。

```java
// AWS Lambda 处理请求的方法签名
public class HandlerStream implements RequestStreamHandler {
  @Override
  public void handleRequest(InputStream inputStream, OutputStream outputStream, Context context) throws IOException
  {
    ...
  }
}
// Azure Function 使用@HttpTrigger 注解的方式
public class Function {
    public String echo(@HttpTrigger(name = "req",
      methods = {HttpMethod.POST}, authLevel = AuthorizationLevel.ANONYMOUS)
        String req, ExecutionContext context) {
      ...
    }
}
```

二者的编程风格和接口的差异较大，如果有成百上千个函数需要在 AWS Lambda 和 Azure Function 上部署，其修改和维护的成本会很高。

Pivotal（Spring 的母公司）推出了 Spring Cloud Function，用于解决 Java 函数跨多个 Serverless 平台（如 Lambda、Azure、OpenWhisk、Google Cloud Function 等）的运

行。它支持统一的编程模型,并且可以独立运行,如图 1-24 所示。此外,Spring Cloud Function 致力于推广通过函数的方式实现业务逻辑,将函数开发和运行时解耦,保持 SpringBoot 的开发特性(自动配置),以方便 Spring 生态的开发者进行跨平台的 Java 函数开发。

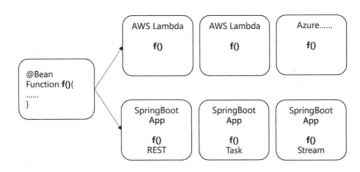

图 1-24　Spring Cloud Function 可以用一套代码跨多平台或独立运行

Spring Cloud Function 抽象了三种核心函数接口:Function、Consumer、Supplier,支持响应式和命令式的编码方式。

下面是一段 Spring Cloud Function 文档中的示例代码,用于将输入字符串转换为大写。这段代码从直观上看就是一个普通的 SpringBoot 函数,可以直接在本地打包运行并进行测试。开发者可以像 SpringBoot 应用一样,访问本地的 8080 端口测试函数。

```
@SpringBootApplication
public class CloudFunctionMain {
    public static void main(String[] args) {
        SpringApplication.run(CloudFunctionMain.class, args);
    }
    @Bean
    public Function<String, String> uppercase() {
        return value -> value.toUpperCase();
    }
}
```

如果想要将这个函数部署到 Google Cloud Function,只需要在 Pom 文件中加入对 Google Cloud Function 的适配依赖,然后使用 mvn package 命令对函数进行打包,将其发布到 Google Cloud Function 后就可以运行了,代码如下所示。

```xml
<dependency>
    <groupId>org.springframework.cloud</groupId>
<artifactId>spring-cloud-function-adapter-gcp</artifactId>
    <version>3.1.0-SNAPSHOT</version>
</dependency>
```

由上可见，Spring Cloud Function 为当前基于 Serverless 开发 Java 函数的调测和跨平台移植带来了一定的便利，开发者可以继承原有基于 Spring 的生态和多种编程模式，不会产生新的学习成本。Serverless 支持多语言开发，未来其他语言也会有对应的开发框架对跨平台的函数开发进行支持。

1.4.2.2 跨平台部署工具Serverless Framework

除开发框架外，自动化部署工具也必不可少。2014 年 AWS 在推出 Lambda 时，缺乏与函数配套的部署模型（函数配置定义）及自动化的本地测试工具。AWS CLI 仅支持将函数打包、上传、发布，要实现函数的"基础设施即代码"，只能依赖 AWS Cloud Formation 的能力，这对于开发人员并不友好。此外，CLI 缺乏函数管理的功能，这也是对 Lambda 最主要的质疑之一。

2015 年，个人开发者 Austen Collins 使用 Node.js 独立开发了 Serverless Framework。Serverless Framework 支持 AWS Lambda 的开发测试和部署发布，之后又提供了对主流商用及开源 Serverless 平台的支持，其在 Github 的 star 数接近 4 万，是当前流行的 Serverless 开发框架之一。Serverless Framework 提供了从开发、CI/CD 到发布、监控的端到端完整功能，为函数定义了统一的基础设施即代码模型，且支持多个 Serverless 平台的部署发布和本地测试，其开源的版本支持开发、本地测试、发布及插件等功能。Serverless Framework 部署模型中的主要概念如下。

- Service：可以映射到微服务的概念，一个服务可以管理多个不同配置的函数。比如对于用户管理的服务，可能会覆盖 CRUD 四个函数。
- Provider：部署的目标 Serverless 平台，当前支持主流的商用 Serverless 平台，如 AWS Lambda、Azure Function、Google Function 及 Knative 等。每个 Provider 的配置项可能会有所不同。Provider 在配置项中提供了默认的函数配置。
- Functions：一个或一组函数的配置，如果不重写配置项，则可以直接使用

Provider 中的配置。使用不同的配置，如采用不同大小的内存，可以覆写此项对应的函数配置。
- Plugins：开发者引入的可复用的组件，如平台的其他 Serverless 服务等。
- Custom：为插件提供自定义的配置。

如下代码是 Serverless Framework 文档中面向 AWS 部署多个函数的配置文件的一个样例。

```yaml
# serverless.yml
service: myService
# 目标 Serverless 平台及函数的默认配置，在函数配置的地方可以覆写
provider:
  name: aws
  runtime: nodejs12.x
  memorySize: 512           # 函数内存配置
  timeout: 10               # 函数执行超时的时间
  versionFunctions: false
  tracing:
    lambda: true            # 可选参数，增加分布式跟踪能力
functions:
  hello:
    handler: handler.hello  # 入口函数
    name: ${opt:stage, self:provider.stage, 'dev'}-lambdaName # 根据环境部署不同的函数名
    runtime: python2.7      # 覆写函数运行时
    memorySize: 512
    timeout: 3              # 覆写默认配置
    tracing: PassThrough    # 选择不对此函数进行跟踪
  second:
    ……
```

开发者完成函数编辑和本地测试后，使用 sls deploy 命令就可以将所有函数发布。

通常，商用或开源的 Serverless 平台都会提供自己的基础设施即代码模型和自动化部署工具。对于未提供这些工具的 Serverless 平台，或者需要跨平台部署时，可以考虑采用 Serverless Framework 的开源版本。

1.4.3 事件总线

本节将介绍 AWS 的 EventBridge 及开源的事件规范 CloudEvent。

1.4.3.1 云服务事件总线 EventBridge

ESB（企业服务总线）是 SOA 时代用于解决不同应用系统对接的事件总线服务，提供应用系统的服务接入、协议转换、可靠的消息传输、编码格式转换、请求路由等功能。ESB 作为消息中间件，可以实现业务系统的松耦合，提供异步消息处理机制。

进入 Serverless 时代后，遇到了与 SOA 时代同样的问题。

- 事件源多：云服务商需要接入自身平台、第三方平台的 SaaS 服务或其他事件源。
- 事件目的地多：这些事件源可能需要对接不同的 Serverless 服务，比如对于用户订购商品成功的事件，需要将其发送到短信通知的 Serverless 服务（如 AWS SNS），以及分析的服务（如 AWS Kinesis）。
- 需要对事件进行过滤或转换：不愿意接收消息推送的用户，不应该接收到消息。

如果没有类似 ESB 的总线服务，无论是云服务商还是用户，都需要编写大量的胶水转换代码，同时还要完成部署并保证这些代码在运行时中的可靠性，这增加了开发者的成本。

为此，云服务商推出了事件总线服务 EventBridge。例如，AWS 的由 EventBridge 全托管的事件总线，通过 Schema 定义 EventBridge 可对接异构事件源及目标，支持扇入/扇出（Fan-in/Fan-out），也支持事件过滤和路由。所有事件源只需要统一对接到 EventBridge 即可。

如图 1-25 所示，开发者将 Schema 以配置文件的形式发送到 EventBridge 中，定义好过滤规则、事件的目的地。事件源（AWS 服务或其他 SaaS 服务）可以使用 Webhook 或集成 EventBridge 的客户端向 EventBridge 发送消息。EventBridge 接收到请求后，可以针对事件进行过滤、路由，再去触发 AWS 的自有 Serverless 服务或第三方服务（自定义或第三方的事件总线）。

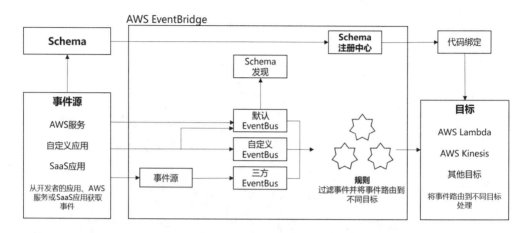

图 1-25　AWS EventBridge 逻辑架构（详见官方文档）

　　EventBridge 可以解决单个云服务商的事件源和目的服务解耦的问题，如果开发者需要跨多个云，在没有统一的事件规范前提下，开发者同样要使用胶水代码进行事件格式或协议转换。此外，事件数据往往可能涉及多跳环节，使用多个协议并跨多个云的系统才能完成处理。如图 1-26 所示，对 IoT 设备的告警，可将正常业务事件及遥测事件通过网关发送给不同的处理者，由它们经过不同的流程完成处理。对于运行过程中不同的云服务，用户需要使用专门的胶水代码来进行消息转换。因此，开发者需要通用的方式去描述事件，这是 CloudEvents 规范产生的动因。

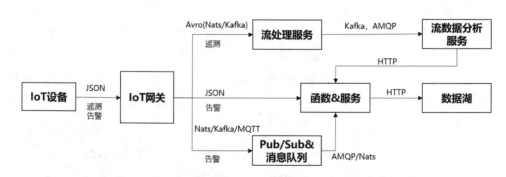

图 1-26　事件数据可能通过不同协议和编码在不同的系统间传播（详见官方文档）

1.4.3.2 事件规范CloudEvents

CloudEvents 是 CNCF 在 2017 年推出的一个轻量级的事件规范,目前有超过 30 家公司参与制定。CloudEvents 规范集成了一组大多数事件已经定义的基础公共元数据属性,如唯一 ID、事件从哪里来、生成事件的事件类型和内容等。

如图 1-27 所示,CloudEvents 没有重复"造轮子",而是集成和兼容现有的协议。它集成现有消息和事件的技术栈(如 Kafka、NATS 等),并在现有的编码(序列化)基础上,使不同格式的编码(如 Protobuf、JSON 等)更容易对接。CloudEvents 允许在编码过程中更换编码格式和协议,以满足事件可能经过多跳路由的场景。

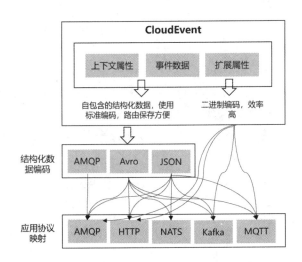

图 1-27　CloudEvents 支持多种编码方式(详见官方文档)

CloudEvents 定义了四种不同的元素,包括核心属性(基础的上下文、事件属性键值对)、扩展属性(自定义属性键值对)、事件格式(如 JSON)及绑定的协议(HTTP、Kafka 等)。

CloudEvents 事件的编码支持两种模式。

- 二进制模式可以适应任何形式的事件数据,可以高效传输,无须转码。
- 结构化模式将事件的元数据和数据都放在请求内容中,方便跨多个协议转发。

下面 CloudEvents 文档中的样例代码基于 HTTP 协议,分别使用二进制及结构化方式发送 CloudEvents 事件。

```
// 二进制方式
POST /event HTTP/1.1
Host: example.com
Content-Type: application/json
// 新增的 header, 和 CloudEvent 属性的映射规则为 ce-cloudevent 属性
ce-specversion: 1.0
ce-type: com.bigco.newItem
ce-source: http://bigco.com/repo
ce-id: 610b6dd4-c85d-417b-b58f-3771e532
{
    "action": "newItem",
    "itemID": "93"
}
// 结构化方式
POST /event HTTP/1.0
Host: example.com
// 通过 application/cloudevents+json 指明是 CloudEvents 媒体类型
Content-Type: application/cloudevents+json
{
    "specversion": "1.0",
    "type": "com.bigco.newItem",
    "source": "http://bigco.com/repo",
    "id": "610b6dd4-c85d-417b-b58f-3771e532",
    "datacontenttype": "application/json",
    "data": {
      "action": "newItem",
      "itemID": "93"
    }
}
```

当前，已经有多个云平台，如 Azure 的 Event Grid、阿里云的 Event Bridge、GCP 的 Eventarc，支持 CloudEvents，CloudEvents 自身也提供了对主流事件编码的兼容及对多语言客户端的支持。

1.4.4　函数工作流

本节将介绍典型商用平台的函数工作流 Lambda、Azure Durable Function 及

OpenWhisk Composer。

工作流（Workflow）是对工作流程及其各操作步骤之间业务规则的抽象及概括描述。在微服务架构下，通常会使用基于 BPMN 或更轻量化的工作流引擎来编排微服务，完成对业务流程的执行和监控等工作。当承载业务的单元从微服务变为函数时，同样需要这样的工作流引擎来编排函数，完成如下操作。

（1）顺序调用函数。

（2）并行执行函数。

（3）分支执行函数。

（4）失败重试，或者应用 try/catch/finally。

函数工作流（也称函数编排）当前有两种形式：一种是以 Step Function 为代表的基于 Markup 标记语言（JSON）的工作流，与其相同的还有 CNCF 开源的 Serverless Workflow 规范（详见 Serverless Workflow 官网）；另一种是以 Azure Durable Function、OpenWhisk Composer 为代表的基于编码实现的工作流形式。

1.4.4.1 基于JSON的函数工作流Step Function

函数的执行时间有上限，但是工作流引擎可以长时间运行任务，并保证执行过程的高可用，以及不丢失状态数据。商用平台如 AWS 提供了 Step Function 服务，支持在复杂业务场景下对函数及其他 AWS 服务进行编排。Step Function 提供了可视化和基于配置文件（JSON）两种编排方式。Step Function 的执行过程用一个状态机来实现，每个节点有 7 种不同的状态类型，如表 1-2 所示。

表 1-2 Step Function 的状态类型

Task	工作单元
Choice	支持分支逻辑
Fail	停止执行，返回失败状态
Succeed	停止执行，返回成功
Wait	等待指定的时间
Parallel	开始并行的分支执行
Pass	不执行，直接通过，主要用于调测状态机

工作流上的所有任务都是通过 Task 完成的，Task 可以是一个 Lambda 函数，也可

以是 Activity（可长时间运行的任务）。

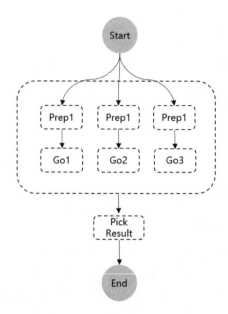

图 1-28　并行执行 OCR 识别的 Step Function 工作流视图

图 1-28 是一个并行执行后聚合（fork/join）的示例[①]，旨在将图片分给三个 OCR 提供者来并行识别，以获取最可信的结果。并行 state 的 output 会将每个分支的输出组合起来。下面是其实现的 JSON 代码片段。

```
"Send for OCR":{
    "Type": "Parallel",
    "Next": "Pick Result",
    "Branches":{
        "StartAt": "Prep1",
        "States": {
            "Prep1":{
                "Type":"Pass",
                "Result":{
                    "inputList":["OCR Provider 1"]
                },
```

---

① Chris Munns. Serverless Apps with AWS Step Functions，2017.

```
    "Next": "Go1"
},
"Go1":{
    "Type":"Task",
    "Resource": "arn:aws:lambda....:function:go1",
    "End": true
...
```

1.4.4.2 基于事件溯源编排的Azure Durable Function

Azure Durable Function 的特点是通过函数编码的方式实现了对函数工作流的支持。Durable Function 包含三种函数，即编排（Orchestrator）函数、任务（Activity）函数和实体（Entity）函数，其中任务函数是承载业务逻辑的函数。

如图 1-29 所示，Durable Function 通过事件溯源的机制来保存编排函数的局部变量的状态，从而保证事件重入后可以从记录点继续执行。它需要外部存储服务来记录工作流的历史状态及实例的状态，配合完成整个编排过程。

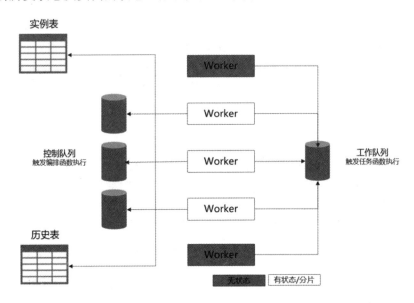

图 1-29　Durable Function 的编排依赖数据库及消息队列

Azure 将常用的工作流总结为 6 种模式，而 Durable Function 完全支持这 6 种模式。

- 链式调用（函数顺序调用）：适用于需要顺序工作流的场景，按顺序去调用多个函数来完成完整的业务逻辑。
- 扇出/扇入（Fan-out/Fan-in）：适用于并发执行多个函数后进行聚合的场景。
- 异步 HTTP API：适用于外部客户端查询长时间运行的工作流运行状态的场景。
- 监视：适用于在工作流的执行过程中，需要持续轮询是否达到条件，然后执行下一步的场景。
- 人机交互：适用于工作流中需要人工干预的场景，比如人工审批。
- 聚合器：适用于需要将一个时间段内的多个事件聚合成单个实体数据的场景。

下面的代码是 Azure Durable Function 官方文档的一个函数链式调用的示例，编排函数顺序调用 F1～F4 这 4 个函数，每一个输出结果作为下一次调用的输入。F1～F4 是普通的 Azure 函数，在 Durable Function 中被视为 Activity 函数，承载具体的业务。Context.df 可以按名称调用函数，默认为异步调用，yield 关键字则可以记录检查点。F1 被调用后，编排函数退出，等到 F1 返回结果时，编排函数重入，获得最后一个检查点的结果，然后执行下一条代码，以此类推。同样，如果编排函数在执行过程中意外退出，函数实例重入时将从上一个 yield 调用处继续执行。

```
const df = require("durable-functions");
module.exports = df.orchestrator(function*(context) {
    try {
        const x = yield context.df.callActivity("F1");
        const y = yield context.df.callActivity("F2", x);
        const z = yield context.df.callActivity("F3", y);
        return   yield context.df.callActivity("F4", z);
    } catch (error) {
        // 错误处理或补偿代码
    }
});
```

Durable Function 对编排函数的实现存在一些约束，要求代码最好是幂等的，所以在编排函数的操作中要注意以下事项。

- 代码不能依赖随机数、当前的时间等。
- 不在编排函数中做 I/O 或自定义的线程调度。

- 不要在代码中写无限循环。

Durable Function 在设计上对数据的持久性（Durability）更关注，不太适合关注性能的工作流，但其在数据访问和函数编排上有自己的特色。

1.4.4.3 基于函数编排的OpenWhisk Composer

和 Azure Durable Function 类似，OpenWhisk 自身支持 Conductor Action 的函数类型，这种函数可以完成函数编排，支持分支、顺序等编排方式。如果 Conductor 函数在执行过程中调用了其他函数，那么该 Conductor 函数可以退出执行。例如，下面的 Composer 文档中样例 Conductor 函数代码中的 triple 函数被调用并执行后，OpenWhisk 系统将重新触发 Conductor 函数，Conductor 函数根据此时的状态触发下一个函数，直至 Conductor 函数的代码全部执行完。和 Durable Function 使用事件溯源、依赖外部存储服务的方式不同，OpenWhisk 基本不依赖外部存储服务。

```
function main(params) {
   let step = params.$step || 0
   delete params.$step
   switch (step) {
      case 0: return { action: 'triple', params, state: { $step: 1 } }
      case 1: return { action: 'increment', params, state: { $step: 2 } }
      case 2: return { params }
   }
}
```

基于 Conductor 函数，OpenWhisk 抽象了一套编排的 DSL 接口，将其命名为 Composer，用来支持函数编排中常用的顺序、分支、fork/join 等。在 OpenWhisk 系统中引入额外的 Redis 组件后，也可以支持长时间运行的编排任务。

下面这段 Composer 的编排代码完成一个分支任务，如果通过身份验证，则返回成功，否则返回失败。这个编排函数在部署时，会被编译并视为一个 Conductor 函数部署到 OpenWhisk。

```
const composer = require('openwhisk-composer')
module.exports = composer.if(
```

```
  composer.action('authenticate', { action: function ({ password })
{ return { value: password === 'abc123' } } }), composer.action('success',
{ action: function () { return { message: 'success' } } }),
  composer.action('failure', { action: function () { return { message:
'failure' } } }))
```

  Composer 的这种编排方式对开发者来说，学习成本很低；而对平台的维护者来说，基于同一个系统支持函数及编排，也节省了维护的成本。

  两种工作流方式各有其适合的使用场景。Step Function 类的编码方式可以方便地进行可视化，对业务人员更友好。Durable Function 类的编码方式对开发者更友好。开发者可以根据实际的情况使用不同类型的工作流服务。

  综上所述，本节从平台、框架、事件总线及函数工作流等维度介绍了典型的 Serverless 平台及其生态发展。目前 Serverless 平台虽然百花齐放，但距离成熟、标准化还有一定的差距，这也意味着 Serverless 方向有很多的创新机会，希望广大开发人员抓住机遇、共同努力，投入新一代 Serverless 生态发展和产业建设的大潮之中。

1.5　Serverless 的挑战与机遇

  2009 年，加州大学伯克利分校的 David Patterson 等人总结了当时兴起的云计算的六大优点[①]。

- 无限计算资源按需呈现。
- 用户无须承担对服务器的运维工作。
- 按照使用的计算资源付费。
- 借助超大型数据中心的规模效益大幅降低成本。
- 通过资源虚拟化简化运维，提高资源利用率。

---

① David A. Patterson，Ariel Rabkin，Ion Stoica, et al. Above the Clouds: A Berkeley View of Cloud Computing[R]. Technical University of California at Berkeley，2009.

- 通过复用来自不同组织的工作负载，提高硬件利用率。

2019 年，加州大学伯克利分校在 *Cloud Programming Simplified: A Berkerley View on Serverless Computing*[1]的回顾中总结到，当前的云平台在简化运维和提升硬件利用率上仍然无法让人满意。因为开发者还需要管理虚拟机的可靠性、负载均衡、容灾、扩容和缩容、监控、日志及系统升级，挑战仍然较大。尤其规模较小的企业，很难雇佣到熟练的运维或 DevOps 人员，无法通过自动化工具、脚本、服务来解决这些问题。

伯克利大学指出 Serverless 有望弥补这些不足。Serverless 弱化了存储和计算之间的关系，使计算变得无状态、调度及扩容/缩容更容易、数据更安全。开发者不再需要手动创建虚拟机或管理其他资源（网络带宽等），只需要专注在业务代码开发上。同时，函数根据调用次数和每次计算的资源开销来计费，更加合理。

基于此，伯克利大学展望 Serverless 将会是未来云时代默认的计算范式。然而，当前的 Serverless 方兴未艾，为了让更多更广泛的应用基于其开发和运行，还需要解决一系列挑战。

- 函数生命周期有限，已加载的状态无法复用。当前主流的 Serverless 平台对函数的生命周期都有时间限制，函数不能长时间运行，只能在有限的时间内执行，如 900s（15min）。当函数没有新的请求时，函数所在的执行环境被销毁，函数执行的中间状态、缓存等会被删除。当新的函数调用发起时，不能直接利用上次计算的缓存状态。
- 数据迁移成本高，影响运行效率。承载业务逻辑的函数在 FaaS 的容器上加载，独立于数据侧（BaaS）运行，函数执行时需要把数据运送到代码处，而不是把代码放在数据所在的计算节点上运行。对于大数据、分布式机器学习等场景，数据的迁移开销会影响这些工作负载的运行效率，同时也会给数据中心网络造成负担，从而限制 Serverless 的应用范围。虽然有类似 S3 的对象存储服务，但其数据迁移要比点对点通信速度慢、成本高。伯克利大学的研究表明，低速存储在视频转换、MapReduce、机器学习等场景下会影响细粒度调度、

---

[1] Eric Jonas，Karl Krauth，Joseph E. Gonzalez，et al. Cloud Programming Simplified: A Berkeley View on Serverless Computing[R]. University of California at Berkeley，2019.

广播、聚合等的性能。此外，出于成本考虑，大多数 Serverless 服务是逻辑多租的（多个用户的函数在一个节点上执行），由于函数共享网络带宽，当运行的函数增多时，每个函数的带宽将成比例缩小，从而影响函数操作数据的性能。

- **启动性能不佳**。提升冷启动性能是当前 Serverless 平台尚未解决的难题之一。以 AWS Lambda 平台为例，性能最好的是 Node.js，1KB 的代码量所需冷启动时间大约为 200ms，而相同大小的 Java 应用所需冷启动时间则在 600ms 以上。函数的冷启动性能和语言、代码包的大小及沙箱调度的关系较大。代码包越大，冷启动时间越长（下载耗时）。此外，在冷启动时间中占比较大的部分是沙箱的冷启动时间，以 Lambda 为例，FireCracker 的冷启动时间为 125ms，占冷启动时间的 60%。如果函数要连接到 VPC 内的数据库或服务上，则函数启动时还需要绑定 ENI（弹性网络接口）来分配 IP 地址或连接 VPC 网关，这会进一步增加冷启动时间。目前，冷启动是将应用迁移到函数计算平台的一大障碍。例如，对 App 的 SLA，某些移动应用要求端到端的冷启动时间小于 300ms，如果切换到函数计算平台，考虑到中间的网络等待时间通常大于 100ms，加上 200ms 的直接冷启动时间，总计时间无法满足 SLA 要求。虽然，目前有些函数计算平台通过预置实例和并发的方式来确保一定数量的函数实例热启动，但这类解决方案的成本较高，并不是最优的。

- **函数不可寻址，无法直接通信**。当前函数实例无法互相看到 IP 地址，函数间通信时需要绕到外部来访问，导致通信时间较长。对于时间敏感的应用服务，如果存在级联的函数间请求，可能出现冷启动时间不达标的情况。而且，函数无法寻址也导致基于 Serverless 无法实现一致性算法，从而无法运行需要协商的分布式应用。

- **缺少异构硬件（如 GPU/ARM 等）支持**。当前的 Serverless 平台允许用户指定配置包括 CPU 和 RAM，但对于 CPU 和内存的分配是有限制的。大部分平台并不支持超高规格的资源，比如 Lambda 限制内存最大为 10GB。对大数据或机器学习的应用来说，仅仅支持 CPU 和内存是不够的，这些场景需要更高的算力，必须使用 GPU 等异构硬件来加速模型训练，提升推理和预测的效率。函数规格的限制和 GPU 等硬件加速能力的缺失，影响了大数据和 AI 等新兴应用的 Serverless 化发展。另外，随着华为和 AWS 推出基于 ARM 的服务器实例，以及 Apple 推出基于 ARM 的 PC，ARM 生态的壮大意味着未来更多的服务可能基于 ARM 运行，因此 Serverless 也需要考虑对 ARM 的支持。

目前学术界和工业界已经出现一些新的系统，在尝试解决上述挑战，其中两个值得关注的项目是 Faasm 和 CloudState。Faasm 是一个基于轻量级隔离的有状态的 Serverless 函数计算平台，其论文作者认为当前的 Serverless 存在两个问题，即数据访问成本高（存储领域）及容器资源占用高（计算领域）。如前面所提到的，传输数据规模较大时需要借助外部存储服务，数据传输效率低；为了提升隔离性，使用轻量级虚拟机和容器，造成了资源浪费及启动性能损失。Faasm 另辟蹊径，将容器替换为基于 WebAssembly Runtime 的 Faaslets，既可保留轻量级隔离，又可提升启动性能。同时，为了减少数据迁移，Faasm 设计实现了两级状态架构：同节点通过共享内存来访问，全局层面提供接口以进行跨节点访问。

虽然当前商用 Serverless 平台尚未将 WebAssembly 作为其运行时，也没有采取内置的两级数据存储机制来进行近数据计算，但从 Faasm 的尝试中不难看出，性能（函数启动时间、任务完成效率）及成本（数据迁移成本、函数实例容量）仍然存在很大的提升空间。

CloudState 是 Lightbend 公司基于 Knative 推出的函数计算平台。该公司的创始人和 CTO Jonas Bonér 认为，当前的 Serverless 过于强调其在基础设施自动化方面的能力，适合应用在注重吞吐（需要扩展规模）或请求能在很短时间内完成的场景，缺乏构建和管理有状态应用的能力。他们认为需要支持有状态的 Serverless 实现，使其更高效地应用于以下场景。

- 机器学习训练和推理：模型需要在内存中动态替换，推理要保证低时延。
- 实时分布式流处理：如实时预测和推荐，以及异常检测。
- 用户会话、购物车、缓存：如管理跨请求、可缓存并可持久化的会话状态。
- 分布式事务工作流：如 Saga 模式、工作流编排、回滚和补偿等。
- 共享协作的工作空间：如文档协作编辑、聊天室等。
- 分布式系统选举：其他标准的分布式系统的协议协调的场景。

CloudState 定义了用户函数和后端间的协议和规范，并基于 Kubernetes 生态的 Knative、gRPC、Akka Cluster 等实现了原型系统。CloudState 的编程模型围绕状态数据来抽象，当前支持的模式包含事件溯源、CRDT（Conflict-Free Replicated Data Types）、Key-Value 存储、P2P 消息等。

Serverless 编程模型的友好之处在于只抽象函数来承载业务逻辑，开发者不需要关注其他内容，因此 CloudState 也尝试用相同的方式抽象状态。对函数来说，请求响应可以与输入和输出的消息对应，那么状态的抽象也与之类似。如此，框架层就可以代表函数管理状态的持久化，监控状态的历史变化，做出更智能的决策。

CloudState 通过 Sidecar 的方式实现了函数间直接通信，并且用类似 Azure Function Data Bindings 的方式接管状态数据的读写，从而可以支持多种一致性方式，为基于 Serverless 开发分布式应用提供更多选择，类似的实现还有 Dapr。

此外，还有一些学术界的研究也在关注如何减少 Serverless 的数据迁移、优化冷启动性能等方面。例如，伯克利大学里斯实验室提出的 CloudBurst，将分布式存储能力引入 Serverless 系统中，并且通过节点缓存减少数据迁移成本。上海交通大学提出的 Catalyzer[①]，基于 Google 的开源沙箱 GVisor，通过沙箱状态复用及按需恢复函数状态来减少沙箱启动时间。鉴于篇幅所限，本节对学术界的更多探索不再展开赘述，有兴趣的读者可以关注相关学术会议的文献资料。

1.6 总结

Serverless 出现的时间不算晚，近年来随着移动应用、小程序、IoT 等领域的发展，呈现飞速增长的态势。从这些应用场景来看，Serverless 体现出相对微服务的一些独特优势。但受限于 Serverless 本身面临的一些挑战，在较长的一段时间内，微服务和

---

① Dong Du，Tianyi Yu，Yubin Xia，et al. Catalyzer: Sub-millisecond Startup for Serverless Computing with Initialization-less Booting[J]. ASPLOS. 2020，3: 467—481.

Serverless 两种开发方式将会共存，并且互相组合、渗透。例如，一些云服务商推出了 Serverless 容器服务的概念和产品形态，Azure Function 也可以基于 Kubernetes 运行。无论发展过程如何，Serverless 将会成为未来云时代默认的计算范式。

第 2 章将介绍应对 Serverless 发展挑战的函数计算创新：分布式内核（华为元戎）架构及其关键技术探索。

新一代 Serverless 技术

针对第 1 章介绍的 Serverless 技术挑战与机遇，本章我们介绍构建新一代 Serverless 平台的关键技术。本章以华为 2012 实验室自研的分布式内核（华为元戎）[①]为例，介绍有状态函数编程模型、高性能函数运行时、高效对接 BaaS 服务等一系列 Serverless 创新技术。

2.1 设计理念

本章首先介绍华为元戎设计时践行的 Serverless 平台设计理念。

1. 效率为先

华为元戎架构考虑的出发点是，使开发者能高效开发未来云上的各种应用。如第 1 章所分析的现状，当前云上应用的开发者无论使用哪种微服务框架，都不可避免地要遇到分布式的各种典型问题，例如，如何在微服务之间通信、如何进行分布式调度、

---

① 唐代柳宗元的《剑门铭》中有一句"鼖鼓一振，元戎启行"，形容大军出发。取其"元戎"二字为名，既可类比分布式并行的规模，也可呼应未来云时代"Everything is Function"的"元函数"理念。

如何保证服务之间的数据一致性等。当前的 Serverless 开发方式在面对复杂应用时，仍然存在一些问题，例如，ExCamera[①]在进行视频编解码时需要函数执行大规模的并行任务，函数之间的通信和编解码任务的细粒度调度因而仍然需要由 Excamera 的开发者再单独实现一套框架。当前 Serverless 开发方式受限的主要原因是缺乏对状态和数据传递的高性能操作，为此华为元戎抽象了状态及其操作的接口，以及函数之间的调用接口，其设计目标是让开发者在开发应用时只聚焦业务逻辑的函数开发，为开发者屏蔽分布式带来的复杂问题，如弹性扩展、底层通信等，从而拥有如"单机编程"一般的云上应用开发体验。

2．性能为本

为了推动新一代 Serverless 支持实时分布式流处理、大数据分析、机器学习等丰富复杂的应用场景，华为元戎需要构建高性能的函数运行时。例如，针对函数的冷启动在代码传输、加载等方面进行了大幅优化，在不改动操作系统的情况下，函数的冷启动时间最短可达 10~20ms。同时，通过流量快速感知和实例快速启动等方式实现了系统的快速弹性伸缩。对于数据量较大的操作，系统原生支持以数据为中心的函数亲和调度，通过近数据调度函数实例来避免在函数间迁移大量数据所带来的开销，从而能够更好地支持大数据批量处理和机器学习等性能要求较高的应用。

3．服务为基

华为元戎针对前后端的高效完备设计，还考虑到开发者如何使用函数与各种云服务进行对接，即现有服务（如数据库、存储、IoT 服务）如何方便地触发函数，以及在函数中如何高效地调用各种后端服务（如数据库、存储、消息总线、第三方服务等）。为此，华为元戎设计了 Event Bridge 和 Service Bridge。Event Bridge 可以为服务触发函数提供事件系统，对各类事件进行处理和分发；Service Bridge 可以为开发者在函数中调用各种服务提供分类齐全的统一接口及连接池管理类等增值服务。

[①] Sadjad Fouladi，Riad S. Wahby，Brennan Shacklett，et al. Encoding, fast and slow: Low-latency video processing using thousands of tiny threads[C]. In NSDI，2017.

2.2 技术架构

本节介绍华为元戎的基本概念、逻辑架构及核心技术创新。第 3~5 章将基于本节的描述具体介绍核心技术创新的实现。

2.2.1 概念模型

基于"效率为先、性能为本、服务为基"的三位一体设计原则,华为元戎的概念模型如图 2-1 所示,其中的主要概念和模块定义如下。

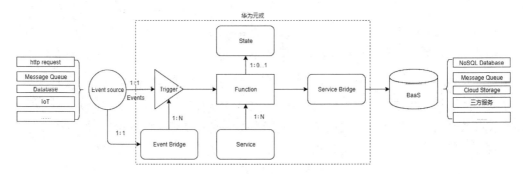

图 2-1 华为元戎的概念模型

- Event Source:事件源,事件的生产者。
- Events:事件,用于触发函数,通常为 JSON 格式的请求。
- Trigger:触发器,对函数的映射,通常为 RESTful API。
- Event Bridge:提供事件源的统一接入,提高事件聚合、过滤等处理能力,提高 Fan-out 等事件分发能力。
- Function:函数,提供同步/异步及状态管理的编程模型,承载用户的业务逻辑。
- State:函数运行过程中的上下文数据,由开发者定义,系统管理其生命周期。
- Service:由开发者创建的用于实现一个功能的资源组合,这是一个逻辑概念,例如可对应于一个微服务。Service 可以定义函数、触发器、BaaS(如存储资源、消息队列)等资源的组合。

- Service Bridge：统一管理函数对后端服务的访问，提高链接收敛、服务治理、高速访问等能力。

其中，一个事件访问触发一个函数，一个函数可以被不同的触发器触发；一个事件也可以通过 Event Bridge 访问多个触发器，从而触发多个函数。一个 Service 是一个独立的命名空间（函数名等），是状态的最小安全隔离单位，状态只能在 Service 内部共享和操作；同一个 Service 内的函数可以直接调用，不同 Serivce 之间的函数只能通过 Event 触发方式进行交互；一个 Service 中可以定义 0 到 N 个状态，每个状态都有相应的函数进行操作，这些函数也都属于该 Service。

2.2.2 逻辑架构

基于华为元戎的概念模型，其逻辑架构设计如图 2-2 所示。

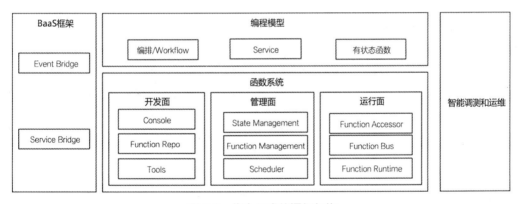

图 2-2 华为元戎的逻辑架构

华为元戎的逻辑架构主要包括"编程模型""函数系统""BaaS 框架"三部分，下面分别介绍各部分的职责。

"编程模型"为开发者提供函数编程接口，其特点是，引入内置状态管理，实现有状态的函数编程模型及 Service 内的函数间直接调用来处理状态，从而使开发者在不依赖外部存储和不感知并发编程难度的低门槛下开发有状态类型的应用。为了支持更复杂的服务组合及编排，并且考虑到兼容现有的应用生态，华为元戎也提供了 Workflow。后面的章节会具体讲解，运用有状态函数可以实现大部分函数的编排工作。

"函数系统"为函数的开发、运行和管理提供平台、组件和工具,其按照功能划分为如下几个部分。

- 开发面:开发者可以基于平台提供的 SDK、CLI、Web IDE、函数拆分和优化工具等,实现并创建函数,平台会保存函数及其相关元数据。
- 管理面:管理函数及状态的生命周期,进行智能调度、弹性伸缩、性能优化等。
- 运行面:提供函数的统一请求入口,将请求转化为对函数实例的调用,并且返回处理的结果。

"BaaS 框架"为函数系统高效对接各类事件源和后端 BaaS 各种服务/中间件提供 Event Bridge 和 Service Bridge 两大组件,其中 Event Bridge 为各类服务事件触发函数提供便利,Service Bridge 则为函数访问 BaaS 服务提供统一的标准能力,解耦和屏蔽后端复杂性。

基于上述架构,华为元戎的功能特性如表 2-1 所示。

表 2-1 华为元戎的功能特性

分 类		关 键 能 力
编程模型	函数开发	支持函数的多语言实现,如 Node.js、Java、Python、C++及自定义运行时; 支持状态管理及函数间调用; 支持函数的创建、测试、管理和元数据保存
	函数编排	实现对函数/工作流的编排,设定函数间状态的转换及工作流定义
事件源接入	多事件源触发	支持推模式的事件源触发函数调用,如 http、RPC、WebSocket 请求; 支持拉模式的事件源触发函数调用,如从消息队列获取事件并触发函数调用; 支持 Streaming 触发函数调用
	函数治理	函数的接入服务支持负载均衡; 函数的接入服务支持限流、熔断、容错
	安全/灰度发布	开发人员可以通过函数 Web Console 或 CLI 单击/自动化脚本的方式,将函数部署到不同的环境,如果失败可自动实现版本回切; 开发人员可以指定函数版本进行灰度发布
函数运行时	函数状态管理	支持内置状态管理
	智能调度	支持函数与状态的近数据访问能力

续表

分　类		关　键　能　力
函数运行时	弹性伸缩	支持根据函数 SLA 动态水平扩容和缩容
	异构基础设施管理	支持异构计算平台（X86、ARM、GPU 等）； 支持云侧和边缘侧设备的统一管理
	高性能运行时	提供基于高性能运行时，基于容器的函数启动时延通常小于 20ms； 兼容 X86 和 ARM，并保证 ARM 下的运行性能
分析与诊断	监控与诊断	提供端到端调用链功能，并实现异常调用与日志的关联
	智能调优	提供函数的智能调优能力，在保证函数 SLA 前提下实现函数的最小资源开销； 通过智能预测提前对函数进行扩容和缩容，保证应用体验
第三方服务对接	Event Bridge	事件接入、事件处理及分发； 多租隔离与安全
	Service Bridge	对接多厂商的云存储、云数据库、消息队列

2.2.3　核心技术创新盘点

如前所述，华为元戎在实现 Serverless 平台的过程中，在编程模型、性能和服务框架方面都有技术创新。在编程模型方面，华为元戎实现了内置状态的处理，实现了有状态的函数编程模型；在性能方面，华为元戎的运行时系统实现了冷启动、弹性伸缩、调度等诸多创新技术；在服务框架方面，华为元戎实现了 Event Bridge 和 Service Bridge 系统以对接各种云服务。

本书第 3 章将介绍有状态函数编程模型的设计和实现，第 4 章介绍高性能函数运行时的设计和实现，第 5 章介绍高效对接 BaaS 服务框架。

有状态函数编程模型

现有 Serverless 开发方式中缺乏状态处理机制,而大多数应用是有状态的,华为元戎的有状态编程模型可以为开发者提供更好的开发体验。我们在本章探讨有状态函数,详细介绍有状态编程模型的设计原理和实现。

3.1 设计原理

基于第 2 章介绍的基本概念和逻辑架构,本节对有状态函数编程模型的定义、接口及使用进行详细阐述。

3.1.1 状态与有状态函数

维基百科将计算机科学中的有状态系统定义为:需要记住之前的事件或用户交互的系统。由于计算过程最关注的往往是被循环使用的数据,所以狭义的状态可以定义为,在计算过程中被循环使用的数据。例如,机器学习中模型训练的大部分算法的设计思想是在构建合适的损失函数后,利用链式法则进行求导以计算出"梯度",随后使用递归方式循环更新已有的模型参数。这些模型参数是训练过程中需要被循环使用的数据,即一种状态。

从用户角度看,状态具有若干属性,如状态的生产者、消费者、类型、格式、数量、大小、访问频度等,表3-1列出了状态的常见属性。

表3-1 状态的常见属性

属 性 名	属 性 描 述
生产者	产生状态数据的一方(系统或用户)
消费者	使用状态数据的一方(系统或用户)
类型	从结构上看,所有的状态最终都可归纳为以下三种类型。 标量(scalar):单独的字符串或数字,如"str""1"。 序列(sequence):按照一定顺序并列在一起的一组数据,如"北京,上海""1,2,3"。 映射(mapping):以键值对(key/value)形式组织的数据,如"性别,男"
格式	用于描述状态的组织规则,如 YAML、JSON 用的是不同的数据格式
数量	状态的个数多少
大小	状态所占内存或磁盘空间的多少
访问频度	状态被读/写的频率,如每秒多少次的访问量

近年来,随着机器学习、大数据和各种在线应用的迅猛发展,系统状态的数量、大小和访问频度都有较高提升,用户更加需要低时延、高性能、高可靠的状态管理。

- 状态数量的增加:机器学习中卷积神经网络的参数个数与计算层数相关,层数越多,参数个数也越多。随着深度学习的发展,大规模分布式机器学习中的参数可达到十亿至万亿个,对于参数加载的速度有较高的要求。
- 状态大小的增加:大数据计算过程中会产生大量的临时数据,这些数据可能会达到 GB 甚至 TB 级别,在各个计算任务之间共享这些数据时需要低时延的加载机制。
- 状态访问频度的增加:大型多人在线游戏的在线用户数可达到百万级别,服务器需要与这些用户产生每秒百万甚至千万次的实时交互,这对于游戏状态的刷新速度有较高要求,延迟大于 100ms 就会影响用户体验。

3.1.1.1 有状态函数的特征

通常用 $y = f(x)$ 来描述一个纯函数,即对于确定的输入 x,函数 f 会有确定的输出 y。但是,实际上很多系统的输出会受到自身状态的影响,可以这样描述:

$\langle y, S_{n+1} \rangle = f(x, S_n)$,即对于函数 f,函数的输出不仅受到输入 x 的影响,还受到当前状态 S_n 的影响,而且状态也会在输入 x 的作用下改变为 S_{n+1}。

在处理状态时,现有的 Serverless 平台将状态 S 的变化交给开发者自己处理。例如,开发者需要将状态保存到外部存储上,使用时再从外部存储读取,因此需要自己在读写状态时进行"锁保护"操作。与此不同,一个有状态函数应用的状态 S 由系统平台管理。

- 程序状态由系统管理:状态管理的操作包括状态的生成、状态的访问、状态的操作、状态的删除及状态的回收。华为元戎提供本地内存方式访问程序状态的能力,在降低开发者应用开发难度的同时保证状态访问的高效性和原子性。

- 状态是编程模型的核心:函数可以访问应用所定义的状态,这里的访问是静态关系。函数运行时会产生函数实例,每个函数实例同一时刻只允许操作一个状态。华为元戎系统调度的对象包括状态及处理状态的函数实例,而且能够以状态为中心进行近状态的函数调度以提高性能。对于一个无状态的应用,可以将其看作是状态为空的应用,因此函数处理的是"空状态"。

- 函数是处理状态的接口实现:开发者需要定义状态及操作状态的接口,操作状态的接口实现就是函数。华为元戎系统未限定接口函数的数量,因此一个状态可以被多个函数操作,接口函数对状态的操作由华为元戎系统协调调度,确保对同一个状态操作的"原子性"。

3.1.1.2 有状态函数的优势

现有的 Serverless 平台大多要求用户编写无状态函数。无状态的核心特征是,将计算和状态存储分离,因此无状态的函数实例实际上是无差异性的,可以任意增加或减少函数实例,便于进行水平扩展和故障恢复,但同时也给应用开发带来了一系列问题。

- 外部依赖性:如果需要存储状态,无状态函数需要依赖外部的有状态存储服务来实现,既增加了性能开销,又增加了额外成本。

- 网络开销增加:与外部存储的交互增加了网络开销,导致响应变慢。如果对响应速度敏感，则需要引入缓存机制，但使用缓存时需要考虑缓存更新和失效机制，而且不同节点上的缓存内容也需要保持一致（因为每次请求不会落在同一个函数实例上），这既增加了复杂度，又额外占用了资源。

- 可用性要求高：外部存储需要实现高可用，特别是数据量变大时，分片、备份、恢复机制都需要做好。
- 编程复杂：针对每一种外部存储，开发者都需要设计一些 client 或 repository 类来封装对状态进行读写的代码。对于高并发场景，开发者还需要考虑"锁保机制"的设计，避免出现并发性错误。

上述这些问题会限制 Serverless 的应用范围，特别是对于以数据为中心的应用和对时延敏感的应用。

为了克服这些问题，有状态函数在原生设计上将状态和函数实例紧密关联，状态内置于系统管理之中，函数实例不再是无差别的，而是有差异的，比如某一个用户的请求总是会落在同一个函数实例上。这样带来的优势包括以下几个方面。

- 更易于理解和实现编程模型：用户通常只需要对函数中的一个简单结构体进行操作，存取状态数据更容易。Serverless 平台接管了状态管理，因此可以为用户提供多种数据一致性模型及并发场景下锁的处理机制，从而使编程模型更加容易理解且函数代码更加简洁。
- 数据本地化：由于不需要频繁和外部存储服务进行交互，减少了网络访问的次数，从而能够减少时延。这样，对于经常操作状态或有大量状态数据的应用就能够获得更快的响应。
- 更高的可用性：由于数据不需要分发到外部存储中，应用的可用性只依赖函数系统；系统提供的多种一致性模型和并发处理机制也可以提升应用的可用性。

3.1.2 有状态函数编程模型的实现

本节具体介绍有状态编程模型的实现方式，以及基于有状态函数实现的各种编排模型。

3.1.2.1 状态和函数的关系描述

如图 3-1 描述了有状态函数编程模型中函数与状态之间的关系。函数用来处理状态，是处理状态的接口实现，例如，函数 a、b、c 都是状态 A 的操作接口实现。不处理状态的函数可以将其状态视为空。函数之间支持直接调用。

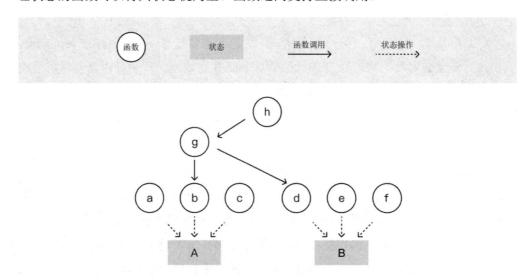

图 3-1 有状态函数编程模型中函数与状态之间的关系

3.1.2.2 状态的定义和操作

明确了状态和函数的关系之后，我们首先来看如何进行状态的定义和操作。

1．状态的定义

状态用来表示在业务处理中跨函数调用的过程数据，跨函数调用是指通过 invoke API 或 restful trigger 调用函数。开发者需要定义状态，状态以系统唯一的 stateid 为标识。

定义状态即定义状态的数据结构，然后用于初始化 context.state 即可。

```
module.exports.initState = function(e, context){
context.state = {counter:0};
}
```

2．状态的操作

开发者可以在函数中通过 context 参数（context.state）访问状态。执行函数前，系统会自动将状态实例加载到 context.state 中。当函数执行结束后，系统会自动保存状态。系统会为每一个状态设置一个默认的老化超时时间，如果老化时间间隔内没有操作该状态，则会删除该状态。开发者可以通过 settimeout 接口来设置这个超时时间。当然，开发者也可以主动终止并删除状态。这两种机制可以类比为单机编程中对数据资源的回收和主动释放。系统对状态进行如下保证。

- 原子性：系统保证函数对状态的所有操作要么全部完成，要么全部不完成。如果在执行过程中发生错误，则退回到函数开始前的状态。
- 一致性：不存在函数执行过程的中间状态，系统保证状态的一致性要求。
- 隔离性：对同一个状态的并发操作不会互相干扰，不会出现不一致的现象。对不同状态的操作可以并发执行。系统为每个状态维护一个队列，对该状态的操作请求进行排队并按顺序执行。
- 持久性：如果函数执行结束，那么对状态操作的结果就是持久性的。接下来的其他操作或故障不应该对其执行结果产生任何影响。

表 3-2 是有状态函数操作的主要 API。

表 3-2 有状态函数操作的主要 API

API	描述
context.state	访问状态
YR.invoke(funName, args, stateid)	异步触发函数，加载 stateid 指定的状态实例执行函数，返回值为 YRfuture
YR.terminate(stateid)	删除指定的状态实例
YR.settimeout(stateid, time)	设置状态实例的老化超时时间
YR.getYRFuture(future)	获取 YRfuture 对应的值。get 是一个同步接口，如果调用还未完成则等待其完成
YR.wait (YRFutures, k, timeout=undifined)	如果设置了超时时间，当请求的状态 ID 数已准备好或达到超时时间，则该函数返回。如果未设置超时时间，则该函数等待（直到准备好该数目的对象）并返回该确切数目的状态 ID，类似于 Promise.all 或 Promise.any

invoke 操作是有状态函数直接调用的接口。当用户不指定 stateid 的值时，系统会新创建一个状态，并返回状态的 ID。开发者可以通过 YR.getYRFuture(future) 获取状态的 ID 和返回值 value。伪代码逻辑如下。

```
let yr = new YR(context);
future = await yr.invoke(funName, args,null);
[stateid, value] = await yr.getYRFuture(future);
```

有状态函数帮助开发者屏蔽了状态管理的复杂过程，为开发者提供了原生的单机编程体验。

- 对状态的操作如同操作变量一样简单。
- 对同一个状态的并发操作保证一致性，不同状态的操作可以并行执行。
- 系统对开发者屏蔽了容器崩溃异常。容器崩溃后，系统会自动重新执行，并保证对有状态函数的调用满足 At-least-once execution 要求。相比之下，如果实现 Exactly-once execution，则系统实现复杂且性能开销较大；如果没有确保 At-least-once execution，则编写操作的正确性就很难保证。最终选择 At-least-once execution，这需要在编写操作正确性和系统开销之间做出折中选择，相应的代价是如果出现重复的请求执行，则需要开发者保证操作的幂等性。

3.1.2.3 函数的定义和操作

函数的定义方式与现有的 Serverless 平台基本保持一致，只是增加了对状态的操作，如表 3-2 所示的状态操作 API。以下是有状态函数及其调用的示例代码。

- 有状态函数 jshandler 定义了一个简单的计数函数 counter。

```
// handler.js 为 nodejs 函数模板

// 状态初始化
module.exports.initState = function(event, context) {
    context.state = {counter: 0};
};

module.exports.myHandler = async(event, context) => {
    context.logger.info("this is a jshandler function message!");
    if (context.state !== undefined && context.state !== null) {
        if (context.state.counter !== undefined) {
            context.state.counter++;
            context.callback(context.state.counter);
```

```
        return;
      }
    }
    context.callback("invoke without state");
};
```

- 有状态函数调用函数 caller,通过 invoke 函数调用了上面的 jshandler 函数。

```
// handler.js 为 nodejs 函数模板
const { YR } = require("yr-javascript-sdk");

module.exports.myHandler = async (event, context) => {
    context.logger.info("this is a jscaller function message!");
    let yr= new YR(context);
    const future = await yr.invoke("jshandler", event, "new-state");
    const res = await yr.getYRFuture(future);
    context.callback(res);
};
```

3.1.2.4 通过有状态函数支持函数编排

对于无状态函数,函数编排可以解决应用的有状态问题。函数编排实际上是对函数的执行进行状态机管理。例如,AWS 通过 step function 进行函数编排,开发者需要通过类似 DSL 语言对函数的执行过程进行编排。微软则定义了一种特殊的 Durable 函数进行编排工作,支持不同的编排模型。相比之下,华为元戎的有状态函数由于原生支持状态操作,因此可以不用重新定义函数类型进行编排操作。本节将介绍如何使用有状态函数来实现多种模式的函数编排。

函数编排应当遵循以下原则。

- 函数应当被视为"黑盒"。
- 替换原则,即编排也是一个函数。
- 编排应该避免双花问题,即重复计费。

微软官方文档中提到的 Durable 函数支持的函数编排有 6 种通用应用模式中,华为元戎的有状态函数可以直接支持其中的 3 种模式(函数链、聚合器、异步 HTTP API),而其他 3 种模式(扇出/扇入、监视、人机交互)由于"双花问题",即重复消费(使用）问题，需要对函数进行简单拆分后方可支持这 3 种模式，下面我们将详细讲解如何使用有状态函数实现 6 种通用应用模式。

1．编排函数相关接口

在介绍 6 种通用模式的实现之前，首先介绍与编排函数相关的接口。

开发者需要实现的 handler 函数如下所示。

```
export function handler(event: Object, context: Context): Future | any;
```

当其返回 Future 时，系统会等待 Future 完成，再将结果返回给被调用者。利用这个特性，可以将等待 Future 完成这一操作从 Function 函数转移到系统中，从而避免双花问题。

开发者可以调用 invoke、onComplete、getYRFuture 和 wait 函数，如下所示。

```
module.exports = class Context {
  invoke(funcName: string, args: object, stateId: string): Future;
  onComplete(funcName: string, stateID: string): Future;
  getYRFuture(future: Future): any;
  wait(futures: Future[], k?: number, timeout?: number): Future[];
}
```

2．通用模式

下面介绍几种通用模式的实现。

（1）函数链。对多个函数进行顺序调用，即流水线任务顺序执行可形成函数链，如图 3-2 所示。

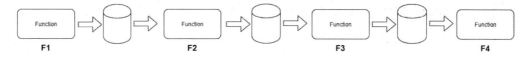

图 3-2　函数链

这个过程中可能有分支，但整体上是顺序进行的。根据函数链中的函数调用是否存在数据依赖关系可以细化出多种模式，举例如下。

模式一：F2 依赖 F1 的执行结果，F3 依赖 F2 的执行结果，F4 依赖 F3 的执行结果，实现代码如下。

```
const { YR } = require("yr-javascript-sdk");
```

```
  module.exports.handler = async (e, ctx) => {
  let yr = new YR(ctx);
  /* await 是 nodejs 异步调用的语法约束，此处仅返回 future，实际对 F1 的 invoke
  操作在异步进行。
  */
    const x = await yr.invoke("F1", e);
    const y = await x.onComplete("F2");
    const z = await y.onComplete ("F3");
    const r = await z.onComplete ("F4");
    ctx.callback(await yr.getYRFuture(r));
  }
```

模式二：基于模式一进行拓展，函数调用关系不变，F3 依赖 F1 和 F2 执行完成后再触发，其余与模式一保持一致，实现代码如下。

```
  const { YR } = require("yr-javascript-sdk");
  module.exports.handler = async (e, ctx) => {
  let yr = new YR(ctx);
  const x = await yr.invoke("F1", e);
    const y = await x.onComplete("F2");
    const z = await yr.invoke ("F3", [await x.get(), await y.get()]);
    const r = await z.onComplete ("F4");
    ctx.callback(await yr.getYRFuture(r));
  }
```

模式三：基于模式一继续拓展，函数调用关系不变，某些调用不存在数据依赖关系，例如，F3 不依赖 F1 和 F2 的执行结果，只需要等待 F1 和 F2 完成，此模式的实现与模式一、模式二相比，需要引入一个新的函数接口 wait，实现该模式的代码如下。

```
  const { YR } = require("yr-javascript-sdk");
  module.exports.handler = async (e, ctx) => {
  let yr = new YR(ctx);
  const x = await yr.invoke("F1", e);
  const y = await yr.invoke("F2", e);
  await yr.wait([x, y]);
  const z = await yr.invoke("F3", e);
    const r = await z.onComplete ("F4");
```

```
    ctx.callback(await yr.getYRFuture(r));
}
```

（2）扇出/扇入。扇出/扇入是指多个函数同时执行，然后等待所有函数返回执行结果后再执行下一步，如图 3-3 所示。例如，用户完成支付需要通过短信、微信、邮件等多种方式通知用户。此外，fork/join 也符合这种模式。

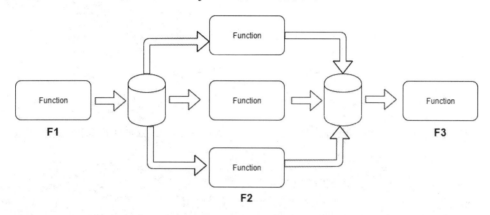

图 3-3　扇入/扇出

直观的方式是，使用一个有状态函数实现扇出/扇入模式，示例代码如下。

```
const { YR } = require("yr-javascript-sdk");
module.exports.handler = async (e, ctx) => {
let yr = new YR(ctx);
  const future1 = await yr.invoke("F1", e);
  const workBatch = await yr.getFuture(future1);
  const parallelTasks = [];
  for (let i = 0; i < workBatch.length; i++) {
    const task = await yr.invoke ("F2", workBatch[i]);
    parallelTasks.push(task);
  }
  const results = await yr.wait(parallelTasks);
  const sum = results.map((a, b) => a + b, 0)
  ctx.callback(await yr.getYRFuture(await yr.invoke ("F3", sum)));
}
```

以上这种做法会导致双花问题。由于使用了 getFuture 接口，导致在 F2 执行的时候，即使 F1 没有工作也要等待并占用资源，同样在 F3 执行的时候，F2 也要等待并占用资源。为了解决这个双花问题,可以考虑对函数编排进行拆分,需要注意的是,对函数编排进行拆分时需要遵守"黑盒原则",即不能修改 F1、F2、F3 的函数实现,例如,不能向 F1 的函数实现中添加 invoke(F2),示例代码如下。

```
// ENTRY 函数
module.exports.handler = async (e, ctx) => {
  const future1 = await yr.invoke("F1", {});
  const f2Rst = await future1.onComplete("F2_WRAPPER");
  return await f2Rst.get();
}
// F2_WRAPPER 函数
module.exports.handler = async (e, ctx) => {
  const workBatch = e;
  const parallelTasks = [];
  for (let i = 0; i < workBatch.length; i++) {
const task = await yr.invoke ("F2", workBatch[i]);
task.onComplete("F3_WRAPPER", "stateid001");
  }
}
// F3_WRAPPER 函数
module.exports.handler = async (e, ctx) => {
  const results = e;
  const sum = results.map((a, b) => a + b, 0)
  return await yr.invoke ("F3", sum);
}
```

handler 返回 Future 前会等待其完成,因此 ENTRY 会等待 F2_WRAPPER 完成才返回给调用者,F2_WRAPPER 会等待 F3_WRAPPER 完成才返回给调用者,F3_WRAPPER 会等待 F3 完成才返回给调用者,这些等待过程都是在系统层面完成的,不占用 Function 的执行时间,从而避免了双花问题。

(3)聚合器。聚合器用于对数据进行聚合处理,聚合是一个典型的有状态处理过程,例如,在监控数据聚合时,函数需要等待数据上报后再进行聚合,然后持久化到时序数据库中,如图 3-4 所示。

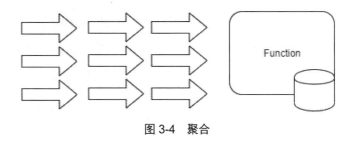

图 3-4 聚合

由于聚合是典型的有状态处理过程，所以使用有状态函数实现该模式的示例代码非常直观。

```javascript
const { YR } = require("yr-javascript-sdk");
module.exports.handler = async (e, ctx) => {
  switch (e.type) {
    case "add":
      ctx.state += e.amount;
      break;
    case "reset":
      ctx.state = 0;
      break;
    case "get":
      ctx.callback(ctx.state);
    default:
      break;
  }
}
// 客户端
const { YR } = require("yr-javascript-sdk");
module.exports.handler = async (e, ctx) => {
  let yr = new YR(ctx);
  future = await yr.invoke("Counter", {type: "add", amount: 1}, "new-state");
  yr.invoke("Counter", {type: "add", amount: 2}, future.stateID);
  return await yr.invoke("Counter", {type: "get"}, future.stateID);
}
```

（4）异步 HTTP API。异步 HTTP API 模式解决的问题是如何协同 long-running 任务的状态。实现此模式的常见方法是使 HTTP 端点触发长期运行的操作，然后将客户端重定向到状态端点,客户端轮询该端点以了解操作完成时的情况,如图 3-5 所示。

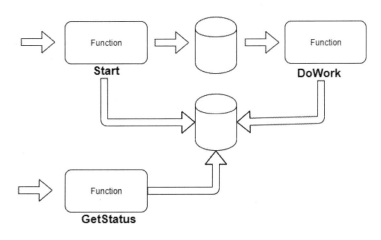

图 3-5 异步 HTTP API

在这种模式下,可通过图 3-5 中的 GetStatus 函数查看 Start 和 DoWork 的执行状态。

例如,通过 HTTP 请求异步触发函数。

```
> POST https://yr.huawei.com/function/DoWork{"id":"stateuuid", ...}
```

通过函数的 id 可以查询函数的执行状态。

```
> GET https://yr.huawei.com/runtime/webhooks/function/stateuuid
{"runtimeStatus":"Running","lastUpdatedTime":"2021-06-16T11:21:52Z", ...}
> GET https://yr.huawei.com/runtime/webhooks/function/stateuuid
{"runtimeStatus":"Completed","lastUpdatedTime":"2021-06-16T11:21:52Z", ...}
```

在这种模式下执行的函数需要保存执行状态,并提供状态访问的接口函数,GetStatus 函数访问相应接口即可。

(5)监视。监视模式是工作流中一种灵活的循环过程,如轮询直到满足特定条件。我们可以通过函数监视任务来实现监视模式,如图 3-6 所示。这种模式常用来监控内部任务的执行情况并进行处理,例如,数据从 TP 数据库迁移到 AP 数据库,如果迁移无法在 8 点前完成,需要终止迁移,可采用该模式来实现。

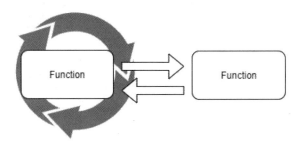

图 3-6　监视

可以使用一个有状态函数实现该模式，示例代码如下。

```javascript
const moment = require("moment");
const { YR } = require("yr-javascript-sdk");
module.exports.handler = async (e, ctx) => {
let yr = new YR(ctx);
  const { jobId } = e;
  const expiryTime = moment(ctx.now).add(1, "h");
  while (moment.utc(ctx.now).isBefore(expiryTime)) {
    const jobStatus = await yr.getYRFuture(await yr.invoke("GetJobStatus", { jobId }, "new-state"));
    if (jobStatus === "Completed") {
      await yr.getYRFuture(await yr.invoke("SendAlert", { jobId }, jobStatus.stateID))
      break;
    }

    // 休眠30s后继续进行编排处理
    const nextCheck = moment.utc(ctx.now).add(30, 's');
    await yr.getYRFuture(await yr.createTimer(nextCheck.toDate()));
  }
  // 可以继续业务处理，或者编排到此结束
}
```

和前面造成双花问题的模式一样，这里由于调用了 3 次 getYRFuture 函数，所以也存在双花问题。因此，可将上述函数拆分为多个函数，以避免双花问题，拆分后监视模式的状态机描述如图 3-7 所示。

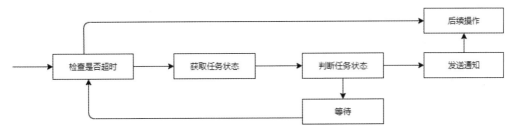

图 3-7　监视模式的状态机描述

根据图 3-7 的拆分方案，entry 将调用获取和判断任务状态的 wrapper 函数及执行后续操作的 wapper 函数，wrapper 函数获取并等待 future 执行，示例代码如下。

```javascript
// entry 函数
const moment = require("moment");
const { YR } = require("yr-javascript-sdk");
module.exports.handler = async (e, ctx) => {
let yr = new YR(ctx);
  const { jobId } = e;
  const expiryTime = e.expiryTime ? e.expiryTime : moment(ctx.now).add(1, "h");
   if (moment.utc(ctx.now).isBefore(expiryTime)) {
    const future = await yr.invoke("checkJobStatus", { jobId }, "new-state");
     return await future.onComplete("checkJobStatus_wrapper", { jobStatus: future, expiryTime }, future.stateID);
   }
   return await yr.invoke("MoreWork", { jobId }, future.stateID);
   // 可以继续业务处理,或者编排到此结束
 }
// checkJobStatus_wrapper 函数
module.exports.handler = async (e, ctx) => {
  const { jobId, jobStatus, expiryTime } = e;
   if (jobStatus === "Completed") {
    const future = await yr.invoke("SendAlert", { jobId }, ctx.stateID);
     return await.future.onComplete("MoreWork", { jobId }, ctx.stateID);
   }
  const nextCheck = moment.utc(ctx.now).add(30, 's');
  const tmFuture = await yr.createTimer(nextCheck.toDate());
```

```
    return await tmFuture.onComplete("entry", { jobId, expiryTime },
ctx.stateID);
  }
  // 可以添加业务处理代码继续处理
  module.exports.handler = async (e, ctx) => {
    ......
  }
```

（6）人机交互。工作流中的某些步骤需要人工干预才能继续，例如，在审批流程中，主管审批后才能继续进行后续流程。人机交互模式如图 3-8 所示。

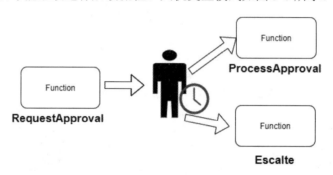

图 3-8　人机交互模式

使用一个有状态函数实现该模式，示例代码如下。

```
const moment = require("moment");
const { YR } = require("yr-javascript-sdk");
module.exports.handler = async (e, ctx) => {
  let yr = new YR(ctx);
  await yr.getYRFuture(await yr.invoke("RequestApproval", {}));
  const approvalEvent = await yr.waitForExternalEvent("ApprovalEvent");
  if (approvalEvent === await yr.wait([approvalEvent], 1,
moment.duration(3, 'd'))) {
    const result = await yr.getYRFuture(approvalEvent);
    await yr.getYRFuture(await yr.invoke("ProcessApproval", { result }));
  } else {
    await yr.getYRFuture(await yr.invoke("Escalate", {}));
  }
}
```

由于在此模式下需要调用 wait 函数，和 getYRFuture 函数一样，这也会造成双花问题。同样,还是将上述函数进行拆分,以避免双花问题。我们把上述函数拆分为 entry 和 wait 两个函数,示例代码如下。

```javascript
// entry 函数
const { YR } = require("yr-javascript-sdk");
module.exports.handler = async (e, ctx) => {
  let yr = new YR(ctx);
  yr.invoke("RequestApproval", {});
  const approvalEvent = await yr.waitForExternalEvent("ApprovalEvent");
  const nextCheck = moment.utc(ctx.now).add(30, 's');
  const timeoutEvent = await yr.createTimer(nextCheck.toDate());
  const future = await yr.wait([approvalEvent, timeoutEvent], 1);
  return await future.onComplete("wait");
}
// wait 函数
const moment = require("moment");
module.exports.handler = async (e, ctx) => {
  const [ approvalEvent, timeoutEvent ] = e;
  if (approvalEvent.done) {
    return await yr.invoke("ProcessApproval", { result: approvalEvent.value });
  }
  return await yr.getYRFuture(await yr.invoke("Escalate", {}));
}
```

3.1.3 有状态函数的并发一致性模型

并发一致性是分布式系统中的重要问题,本节将通过两个示例来说明有状态函数的并发一致性模型。

3.1.3.1 并发访问不同状态实例

针对不同状态实例的并发访问不会产生调用死锁,例如,在以下示例中,用户并发访问两个不同状态实例,该并发过程相互间不会产生干扰,client 函数调用执行完毕后,状态 id1 的值加 1,状态 id2 的值加 2。

```
@bind(Count)
```

```
function addone(event, context) {
    context.state++;
}
@bind(Count)
function addtwo(event, context) {
    context.state++;
    invoke(addone, "", context.this);
}
function client(event, context) {
    invoke(addone, "", id1);
    invoke(addtwo, "", id2);
}
```

3.1.3.2 相同状态实例递归调用

共享状态可以将相同状态实例的递归调用细分为两种情况：在正确的时机使用 get 操作和在不正确的时机使用 get 操作。

1. 在正确的时机使用 get 操作

在正确的时机使用 get 操作的示例如下：在这种场景下，日志打印的操作应该在 addone 函数之前执行，华为元戎的并发一致性模型会确保这种执行顺序。

```
function loghelper(event, context) {
    console.log(event);
}
@bind(Count)
function addone(event, context) {
    context.state++;
}
@bind(Count)
function addtwo(event, context) {
    context.state++;
    get(invoke(loghelper, time.now()));
    get(invoke(addone, "", context.this));
}
function client(event, context) {
    invoke(addtwo, "", id1);
}
```

2. 在不正确的时机使用 get 操作

在不正确的时机使用 get 操作的示例如下：在触发函数之后使用 get 操作获取 YRFuture 的情况，可能会使日志打印的操作在 addone 之后执行。华为元戎的并发一致性模型可以保证和在正确的时机使用 get 操作的结果一致，但在原则上推荐开发者使用在正确的时机使用 get 操作的写法。

```
function loghelper(event, context) {
    console.log(event);
}
@bind(Count)
function addone(event, context) {
    context.state++;
}
@bind(Count)
function addtwo(event, context) {
    context.state++;
    yrf1 = invoke(loghelper, time.now());
    yrf2 = invoke(addone, "", context.this);
    get(yrf1);
    get(yrf2);
}
function client(event, context) {
    invoke(addtwo, "", id1);
}
```

3.1.4 有状态函数应用场景

Serverless 的应用场景如图 3-9 所示，有状态函数可以将 Serverless 拓展到更通用的应用场景。

1. 微服务的应用场景

微服务架构的主要特点是，各微服务可独立开发、独立部署和运行，其应用场景主要是交付周期短、需要频繁变更的互联网应用，如 Web 应用和移动应用的后端服务。传统微服务框架开发的场景可以使用有状态函数开发，函数开发可以使开发者更加聚焦业务的实现而不用关心业务运行的系统环境。

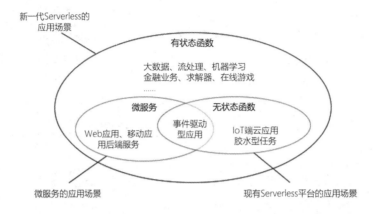

图 3-9　Serverless 的应用场景

2．现有 Serverless 平台的应用场景

现有 Serverless 平台的 FaaS 实现以无状态函数为主，其应用场景适合事件驱动型应用，包括物联网场景、连接应用与云服务的"胶水型"任务等，在应用中起到连接各组件和进行数据搬运的作用。

3．新一代 Serverless 的应用场景

通过云平台原生提供状态管理能力，包括并发控制、一致性、伸缩能力等，有状态函数更适用于以下低时延、高性能、高可靠的状态使用场景。

- 大规模分布式机器学习中的模型训练和服务，如迭代计算场景。
- 大数据与流处理，如对实时性要求较高的大数据预测和推荐、风控服务。
- 用户实时交互型应用，如多人在线游戏、电商（秒杀、抢购）、在线票务系统。
- 多人共享的协作场景，如多人共享文档协作、多人在线聊天室。

3.1.4.1　机器学习中的迭代计算场景

参数服务器是在分布式机器学习中新兴的一种计算模式，在该模式下需要通过迭代计算循环更新参数，参数数量可达到十亿至万亿个。如果状态加载时延较长，会影响整体计算性能。因此，可使用有状态函数显著降低状态加载的时延。

图 3-10 为参数服务器计算集群的工作原理。集群中的节点分为计算节点（worker）

和参数服务节点（server）。其中，worker 负责对分配到自己本地的训练数据（块）进行计算，并更新对应的参数；server 采用分布式存储的方式，作为服务方接收计算节点的参数查询和更新请求。一次迭代计算过程的具体步骤如下。

（1）计算（compute）：训练数据（块）分配到某个 worker 上，worker 调用特定的机器学习算法进行训练，大部分的算法是在构建合适的损失函数后利用"链式法则"进行求导以计算出梯度，每个 worker 只负责对参数全集 w 中的一部分参数 w_i($i=1,\cdots,m$) 进行计算。

（2）推送参数（push）：各个 worker 将计算出的梯度 g_i ($i=1,\cdots,m$) 推送给 server。

（3）更新参数（update）：server 将各个 worker 推送的梯度 g_i ($i=1,\cdots,m$) 进行汇总，更新参数全集 w。

（4）加载参数（pull）：各个 worker 从参数全集 w 中加载自己需要的参数 w_i ($i=1,\cdots,m$)，重复进行上述步骤，完成下一次迭代。

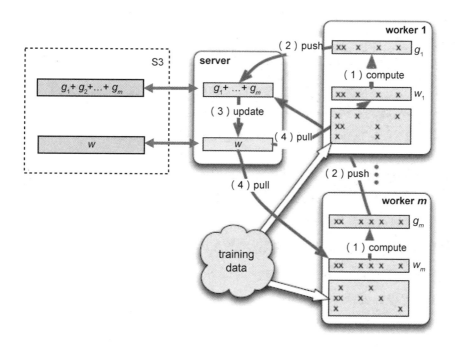

图 3-10　参数服务器计算集群的工作原理

在上述场景中，如果使用微服务或无状态函数来实现，由于 worker 和 server 本身不保留状态数据，则需要将参数和梯度数据保存到外置存储（如 S3）上，使得 worker 和 server 需要多次从或向外部存储上加载参数或推送梯度数据。在大规模机器学习训练中，训练数据的大小可以达到 1TB～1PB，复杂模型的训练参数甚至多达 10^9～10^{12} 个，迭代次数可以达到数千至数万次。在这样的过程中，参数本身的加载和梯度的推送占用了大量的时间，影响机器学习性能的提升。

如果使用有状态函数实现参数服务功能，重构后的参数服务器架构如图 3-11 所示。

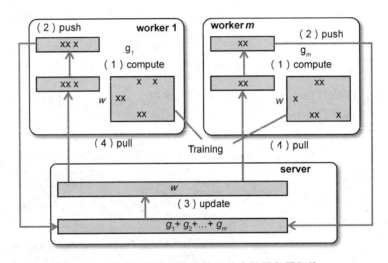

图 3-11 使用有状态函数重构后的参数服务器架构

其中，原有的 server 使用有状态函数实现，各个 worker 函数使用无状态函数实现。各个参数 w_i ($i=1, \cdots, m$) 和各个梯度 g_i ($i=1, \cdots, m$) 作为状态保留在 server 中，整个架构不再需要外置存储。

使用有状态函数重新实现后，相比之前的无状态函数计算过程具有以下优势。

- 性能提升：省去了对数据进行序列化和反序列化的开销和网络通信开销，可显著减少端到端时延。
- 节省空间：原有的计算过程需要将参数 w_i ($i=1, \cdots, m$) 和梯度 g_i ($i=1, \cdots, m$) 在 worker、server 和 S3 中各存储一份，使用有状态函数重构后无须在外置存储中进行存储，节省了 1/3 的存储空间。

3.1.4.2 大数据计算场景

在大数据计算场景下，经常会产生大量数据 I/O，这些数据量通常达到 GB 或 TB 级别。如果使用有状态函数，则可以显著降低 I/O 开销。

例如，网络规划领域的某服务化工具，其使用流程如下。

- 服务编排设计：设计工程师事先将原子服务（类似函数）按照所需要的业务流程进行编排，组成一套任务流程，以达到服务复用的目的。
- 任务计算：系统从编排好的任务流程生成任务实例，服务工程师在使用时设定参数、上传文件，系统按照指定的任务流程进行自动计算，最后给出分析结果。

两函数串行编排流程如图 3-12 所示，函数 A 接收输入，将计算得到的中间结果交给函数 B 继续计算，函数 B 输出最终结果。这一场景分别使用无状态函数和有状态函数的实现方式比较如下。

（1）使用无状态函数+外部存储实现。如图 3-13 所示，如果用无状态函数+外部存储来存储中间结果，那么函数 A 和函数 B 就不可避免地要通过网络 I/O 来读写中间结果。然而，大数据场景下的中间结果往往较大，I/O 耗时成为其主要瓶颈。用户关心的是最终结果而不是中间结果，最后还需要删除中间结果以避免长期占用额外空间。

（2）使用无状态函数+内部存储实现。使用无状态函数+外部存储实现方式的主要痛点在于使用了外部存储，造成网络 I/O 开销大。如果使用无状态函数+内部存储实现会怎样呢？

如图 3-14 所示，如果使用无状态函数+内部存储实现，就需要将函数 A 和函数 B "亲和性"部署到同一个虚拟机或物理机中，从而借助同一份内部存储（通常是内存或磁盘）来传递中间结果。由于使用的是内部存储，可以显著降低 I/O 耗时，也避免了将中间结果持久化到外部存储及删除所带来的开销。

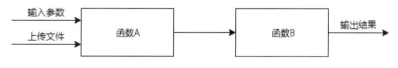

图 3-12 两函数串行编排流程

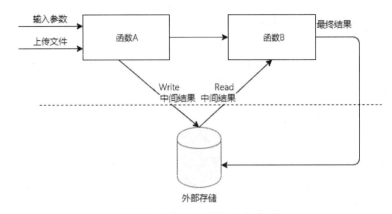

图 3-13　无状态函数+外部存储

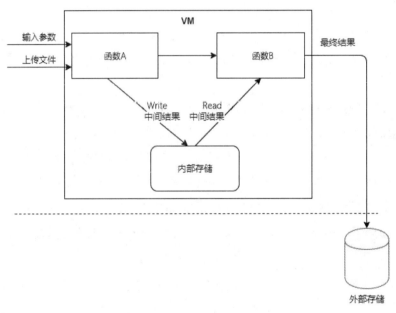

图 3-14　无状态函数+内部存储

对用户来说，需要自己开发一个函数调度平台来实现对函数节点的亲和性部署、调度和维护。这个平台类似于一个小型的 PaaS，要实现较高的可用性和资源利用率，对普通用户来说是有一定门槛的。这种方式的主要痛点在于函数调度平台的开发和维护成本较高。

（3）使用有状态函数实现。使用无状态函数+内部存储实现方式中的函数实例与状态紧密绑定，这实际上就是有状态函数的雏形。如果其中的函数调度工作由 Serverless 平台完成，并且对用户透明，实际上就是有状态函数的应用。

如图 3-15 所示，如果使用有状态函数实现，可以将函数 A 和函数 B 亲和性部署到同一个 Serverless 运行时中，它们可以借助同一个状态数据来传递中间结果。这种方式的优势在于，一是状态数据在内部存储中，避免了网络 I/O 开销；二是用户无须关心如何调度函数实例，降低了开发和维护成本。

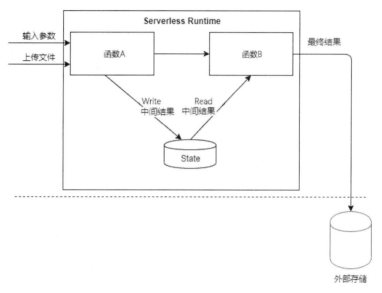

图 3-15　使用有状态函数实现

3.1.4.3　实时交互型场景

大型多人在线游戏（Massively Multiplayer Online Game，简称 MMOG 或 MMO）通常需要与百万级用户产生每秒高达数百万次的实时交互，它对于时延的要求非常高，通常端到端的时延大于 100ms 就会给用户带来不可接受的影响，其中网络时延和玩家自身网络情况有关，无法完全避免，这就需要服务端的计算和 I/O 时延尽可能低。

对战类的游戏是有状态的，这是因为多人加入同一场战斗时，会同时在一台服务器上进行，不能分布在多处。如果分布在多台服务器上进行处理，就需要通过外部数据库存储状态，导致在游戏过程中频繁连接数据库而增加时延。如果整场战斗在同一台服务器上进行，在内存中保留状态并进行计算，则可以显著降低时延。

那么，如何对游戏的状态进行管理呢？通常会采用游戏对象（Game Object）的设计模式来设计 MMO 游戏。游戏对象将游戏状态封装到一个逻辑抽象中，其中不仅包含游戏中所有有意义的实体数据，还包括玩家角色、NPC 条目、互动世界对象等。这个抽象对象有一个 ID 标识元素，每个游戏对象实例拥有在整个游戏系统中唯一的 ID，如图 3-16 所示。

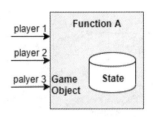

图 3-16　游戏对象示意

这是一种 stateful 的设计模式，游戏将状态保留在内存中以便重复使用直到不再需要，结合有状态函数的使用，其主要特点如下。

- 位置唯一性：每个游戏对象实例在某个时间只存在一个有状态函数实例中，游戏对象不允许在函数实例之间复制移动，从而降低对象创建和同步的开销。位置唯一性使系统更容易定位到某个特定的游戏实例，并且有助于增强数据状态的一致性。
- 资源独享：不需要共享资源，也避免了多线程对资源的竞争。

因此，在该类场景下，有状态函数主要利用数据本地化的优势带来更低的时延。

3.1.5　有状态函数的使用原则

通过前面的场景示例，有状态函数的使用原则总结如下，据此有助于充分发挥有状态函数的优势，提升应用的性能和可用性，并降低实现成本。

1. 以数据为中心原则

当应用中的数据访问和迁移的速度成为性能瓶颈时，需要考虑以数据为中心的计算架构。通过使用有状态函数，优先调度的是计算而不是数据，可进行近数据处理以提升应用性能。

2. 状态选取原则

选取哪些数据作为状态，关系到如何发挥有状态函数的优势。根据候选者的属性特征来确定是否选取为状态，通常来讲，在一定范围内频繁访问的过程数据更适宜作为状态使用。

3. 按需演进原则

从现有的无状态架构 Serverless 应用向有状态架构发展时，需要遵循按需演进的原则：首先根据以数据为中心原则和状态选取原则来确定是否将应用整体改为有状态架构，或者只将其中一部分改为有状态架构；其次采取逐步替换的策略，实现平滑安全的过渡。同时，也需要使用相应的套件工具来帮助用户完成新旧系统之间的无缝衔接，如应用层的事件源接入插件、数据层的 BaaS 适配和转换服务等。

3.2 自走棋游戏编程模型设计示例

本节通过一个三国自走棋的示例来具体说明有状态函数编程模型的使用。我们首先了解用无状态函数来实现三国自走棋的方式，然后用有状态函数进行重构和对比。

3.2.1 自走棋游戏介绍

自走棋是一类电子策略类棋牌游戏的统称，其基本游戏规则是玩家在不同种类的棋子之间挑选组合，然后将其布置在自己的棋盘上，最后由系统自动与其他玩家进行战斗直至最后尚有棋子存活者胜利，败者将被扣除血点，多次重复这个过程直至多名玩家中只有一名存活。以图 3-17 所示的三国自走棋游戏为例展示如何使用有状态函数开发游戏的后端功能，包括游戏大厅、游戏房间选择、选手匹配、对战过程、积分排名等。

图 3-17　三国自走棋游戏

图 3-18 展示了一个用无状态函数实现的自走棋后端的部分功能。这里我们使用华为的 HMS 服务来生成游戏账户，并使用华为的云数据库保存各种状态。

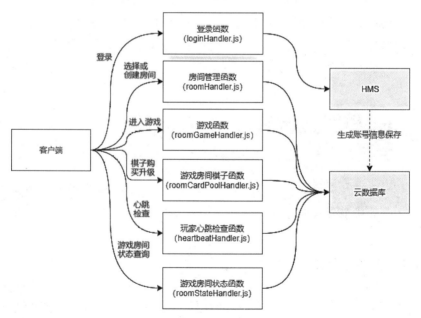

图 3-18　自走棋后端的部分功能

自走棋后端函数的功能如表 3-3 所示。

表 3-3　自走棋后端函数的功能

函　数　名	描　　　述
loginHandler.js	玩家登录，无账户则用其创建游戏账户
roomHandler.js	房间管理函数（房间初始化、玩家加入、结束删除等）
roomGameHandler.js	游戏函数（控制游戏房间中的游戏过程）
roomCardPoolHandler.js	游戏中对棋子的操作函数（棋子的购买、出售、升级、改变位置）
roomStateHandler.js	游戏房间状态查询

3.2.2　函数的实现分析及有状态函数重构

我们先来分析表 3-3 中的各个函数。loginHandler.js 登录并持久化玩家账户信息及 roomStateHandler.js 查询房间状态，这两个函数的代码比较简单，无须考虑有状态函数重构。

roomHandler.js、roomGameHandler.js、roomCardPoolHandler.js 三个函数的无状态实现版本存在大量对数据库的操作、函数粒度较粗（由于函数不能直接调用，所以一个函数承载较多功能时不能通过调用子函数实现）等问题，适用于有状态函数实现重构，以 roomHandler.js 函数为例进行说明。

roomHandler.js 函数的主要流程如图 3-19 所示，其无状态实现版本约有 1048 行代码。

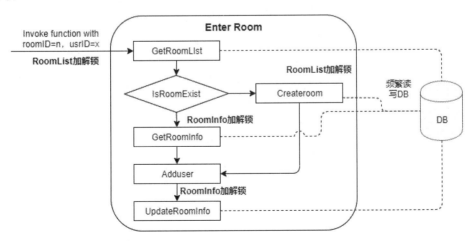

图 3-19　roomHandler.js 函数的主要流程

在对游戏房间列表 RoomList 和房间信息 RoomInfo 进行操作时都需要进行加锁处理，同时这些状态数据都需要放到外置存储中，造成外置数据库的频繁读写。以下是创建房间和加入房间的代码，可以在代码中看到上述问题。

创建房间的代码如下。

```javascript
let createRoom = async function (body, result) {
    let playerID = body.PlayerID;
    let passWord = body.PassWord;
    do {
        // 查询玩家是否已在房间中
        let resultData;
        try {
            // 查询玩家名字
            utils.nextDbTime(result);
            resultData = await dbFun.selectPlayerByPlayerID(playerID);
            utils.saveDbTime(result);
            let playerNickName = resultData[0].PlayerNickName;
            // 创建房间
            let objects = [{
                RoomID: Date.now(),
                Name: playerNickName,
                Type: 1,
                Password: passWord,
                CreateTime: Date.now(),
                RoomState: 0,
                PlayerState: JSON.stringify([0, 0, 0, 0]),
                RoomPlayerId: JSON.stringify([playerID, null, null, null])
            }];
            utils.nextDbTime(result);
            await insertNewRoom(objects);
            utils.saveDbTime(result);

            utils.nextDbTime(result);
            await insertNewGameRoom(objects[0].RoomID);
            utils.saveDbTime(result);
            // 修改玩家数据
            let updatePlayerData = [{
```

```
                PlayerID: playerID,
                RoomID: objects[0].RoomID,
                Position: 0
            }];
            utils.nextDbTime(result);
            await dbFun.updatePlayer(updatePlayerData);
            utils.saveDbTime(result);
            result.RtnCode = 1;
            result.RoomID = objects[0].RoomID;
        } catch (error) {
            result.Error = error;
            break
        }
    } while (false);
}
```

加入房间的代码如下。

```
let joinRoom = async function (body, result) {
    let playerID = body.PlayerID;
    let roomID = body.RoomID;
    let PassWord = body.PassWord;
    let lockData;
    do {
        let resultData;
        try {
            lockData = await dbFun.lockRoom(roomID, constant.LOCK_ROOM);
            if (lockData.error != null) {
                result.Error = lockData.error;
                return;
            }
            lockData.roomId = roomID;

            // 查询房间
            resultData = await dbFun.selectData(dbFun.selectRoom,
{"RoomID":roomID});
            if (resultData[0].Password != PassWord) {
                result.Error = "password error";
                result.RtnCode = 2;
```

```javascript
            break;
    }
    // 修改数据
    let RoomPlayerId = JSON.parse(resultData[0].RoomPlayerId);
    let position = 0;
    for (let index = 0; index < RoomPlayerId.length; index++) {
        const element = RoomPlayerId[index];
        if (element == null) {
            RoomPlayerId[index] = playerID;
            position = index;
            break;
        }
    }
    // 判断房间是否满员
    let roomState = 1;
    for (let index = 0; index < RoomPlayerId.length; index++) {
        if (RoomPlayerId[index] == null) {
            roomState = 0;
            break;
        }
    }
    let updateRoomData = [{
        RoomID: roomID,
        RoomPlayerId: JSON.stringify(RoomPlayerId),
        RoomState: roomState,
    }];
    await dbFun.updateRoom(updateRoomData);

    // 修改玩家数据
    let updatePlayerData = [{
        PlayerID: playerID,
        RoomID: roomID,
        Position: position
    }];

    await dbFun.updatePlayer(updatePlayerData);
```

```
            // 修改成功
            result.RtnCode = 1;
            result.RoomID = roomID;
            result.RoomName = resultData[0].Name;
            result.Position = position;
        } catch (error) {
            result.Error = error;
            break
        }
    } while (false);

    try {
        // 删除锁表
        if (lockData != null) {
            await dbFun.deleteLock(lockData.roomId, constant.LOCK_ROOM, lockData.time);
        }
    } catch (error) {

    }
}
```

在这个场景中，房间最终会被删除，实质上不需要持久化房间信息，房间信息只是过程中的状态，因此可以用有状态函数来重构。使用有状态函数开发时，用户不需要看到数据库和锁的操作，只需要定义房间的状态，从而降低开发的复杂性。

以下是用有状态函数重构后的代码。我们首先定义 ROOM_STATE 和 PLAYER_STATE，并在函数中调用 insert-new-game-room 和 join-room 两个有状态函数。

```
const { YR } = require("yr-javascript-sdk");
const ROOM_STATE = {
    WAITING: 0,
    FULL: 1,
    LOADING: 2,
    GAMING: 3
};
const PLAYER_STATE = {
    NOT_READY: 0,
```

```
    READY: 1,
    LOADING_COMPLETE: 2
};
const PCOUNT = 4;

module.exports.myHandler = async (event, context) => {
    const { playerNickName, password, playerId, roomType } = event;
    const { state } = context;
    const yr = new YR(context);
    const curTime = Date.now();
    state[curTime] = {
        RoomID: curTime,
        Name: playerNickName,
        Type: roomType,
        Password: password,
        CreateTime: curTime,
        RoomState: ROOM_STATE.WAITING,
        PlayerState: new Array(PCOUNT).fill(PLAYER_STATE.NOT_READY),
        RoomPlayerId: new Array(PCOUNT).fill(null)
    };

    await yr.invokeByKey("insert-new-game-room", { roomID: curTime },
{ RoomID: curTime });
    await yr.invokeByKey("join-room", {
        roomId: curTime, playerId, password: password
    }, { name: "lobby.test" });

    context.callback({ roomId: curTime });
};

module.exports.initState = (event, context) => {
    if (!context.state) {
        context.state = {};
    }
};
```

这种实现相比无状态函数的实现更为简洁,并且无须对数据库进行操作。我们再以 join-room 函数为例对比无状态实现版本和有状态实现版本（insert-new-game-room 的对比效果类似，不再赘述）。

join-room 函数的无状态实现版本如下。

```javascript
let joinRoom = async function (body, result) {
    let playerID = body.PlayerID;
    let roomID = body.RoomID;
    let PassWord = body.PassWord;
    let lockData;
    do {
        let resultData;
        try {
            lockData = await dbFun.lockRoom(roomID, constant.LOCK_ROOM);
            if (lockData.error != null) {
                result.Error = lockData.error;
                return;
            }
            lockData.roomId = roomID;

            // 查询房间
            resultData = await dbFun.selectData(dbFun.selectRoom,
{"RoomID":roomID});
            if (resultData[0].Password != PassWord) {
                result.Error = "password error";
                result.RtnCode = 2;
                break;
            }
            // 修改数据
            let RoomPlayerId = JSON.parse(resultData[0].RoomPlayerId);
            let position = 0;
            for (let index = 0; index < RoomPlayerId.length; index++) {
                const element = RoomPlayerId[index];
                if (element == null) {
                    RoomPlayerId[index] = playerID;
                    position = index;
                    break;
                }
```

```
            }
            // 判断是否满员
            let roomState = 1;
            for (let index = 0; index < RoomPlayerId.length; index++) {
                if (RoomPlayerId[index] == null) {
                    roomState = 0;
                    break;
                }
            }
            let updateRoomData = [{
                RoomID: roomID,
                RoomPlayerId: JSON.stringify(RoomPlayerId),
                RoomState: roomState,
            }];
            await dbFun.updateRoom(updateRoomData);

            // 修改玩家数据
            let updatePlayerData = [{
                PlayerID: playerID,
                RoomID: roomID,
                Position: position
            }];

            await dbFun.updatePlayer(updatePlayerData);

            // 修改成功
            result.RtnCode = 1;
            result.RoomID = roomID;
            result.RoomName = resultData[0].Name;
            result.Position = position;
        } catch (error) {
            result.Error = error;
            break
        }
    } while (false);

    try {
```

```
        // 删除锁表
        if (lockData != null) {
            await dbFun.deleteLock(lockData.roomId, constant.LOCK_ROOM,
lockData.time);
        }
    } catch (error) {

    }
}
```

join-room 函数的有状态实现版本如下。

```
module.exports.myHandler = async (event, context) => {
    const { roomId, playerId, password } = event;
    const { state } = context;
    const room = state[roomId];
    if (room.Password !== password) {
        throw new Error("password error");
    }
    const roomPlayerId = room.RoomPlayerId;
    let position = roomPlayerId.indexOf(playerId);
    if (position === -1) {
        position = roomPlayerId.indexOf(null);
    }
    // 判断房间是否已满
    if (position === -1) {
        throw new Error("room is full");
    }

    roomPlayerId[position] = playerId;
    room.RoomState = roomPlayerId.every(x => x !== null) ?
ROOM_STATE.FULL : ROOM_STATE.WAITING;
    const yr = new YR(context);
    const updatePlayerData = [{
        PlayerID: playerId,
        RoomID: roomId,
        Position: position
    }];
```

```
        await yr.invokeByKey("update-player", { update: updatePlayerData },
{ name: "player.test" });

    context.callback({
        name: room.Name,
        position: position
    });
};

module.exports.initState = (event, context) => {
    if (!context.state) {
        context.state = {};
    }
};
```

由对比可见，join-room 函数的有状态实现版本仍然更简洁易懂，同时也不再有复杂的数据库相关操作。

3.2.3　有状态函数的效果

通过前面的示例可以看到，使用有状态函数重构代码可以简化原代码，图 3-20 对此进行了对比。

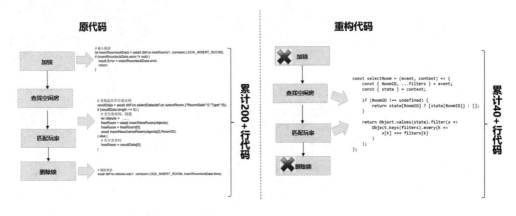

图 3-20　代码对比

使用有状态函数的优点如下。

- 代码量减少，相应的开发周期也会缩短。这个示例中的代码量减少了33%，开发周期缩短了50%。
- 开发人员无须处理复杂的数据操作，更聚焦业务逻辑的实现。

此外，有状态函数还可以带来性能上的提升。原来游戏过程的数据保存在数据库中，无缓存服务，导致运行性能低。使用有状态函数重构后，其过程数据通过状态表达并由系统管理，无须保存至数据库，通过系统的内置状态管理提升了性能，表3-4对二者的性能进行了对比。

表3-4　性能对比

维　　度	数　据　库	内置状态管理
读平均时延	4.6ms	0.8ms
写平均时延	10.2ms	1.1ms

高性能函数运行时

运行时（runtime）是一个通用抽象的术语，指的是计算机程序运行的时候所需要的一切代码库、框架、平台等。函数运行时是支持函数运行的平台，在华为元戎系统中称之为 FunctionCore，是华为元戎架构中函数系统的核心部分，实现函数与状态的生命周期管理、函数的调用支持、函数的快速启动与弹性伸缩等能力，支持包括基于有状态函数编程模型开发在内的所有函数的高效运行，为开发者屏蔽分布式带来的复杂问题，如弹性扩展、底层通信等。本章以 FunctionCore 的架构为例，介绍函数运行时的设计原理和实现，并针对函数运行时的关键性能挑战提供有效的设计方案。

4.1 函数运行时的设计和实现

函数运行时需要支持函数的上线、运行、删除、更新等操作，其在功能上主要分为函数的生命周期管理和函数的触发执行两个部分。因此，华为元戎的运行时在设计上分为运行管理面和运行数据面。图 4-1 展示了 FunctionCore 的平面划分和上下文关系。

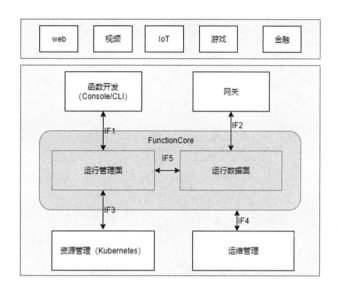

图 4-1　Function Core 的平面划分和上下文关系

运行管理面为用户在 Console/CLI 上的函数开发提供函数代码发布和元数据管理接口，运行数据面将从网关进入的触发函数运行的外部事件转换为内部事件调用。

通过资源管理（比如 Kubernetes，可以将 Pod 作为函数执行的环境，通过容器机制进行函数的资源隔离，更多介绍请参考 Kubernetes 官网指导资料）获取函数运行时需要的计算及网络资源。函数运行时需要记录日志和监控信息，并将其对接到云上的运维管理系统。表 4-1 是华为元戎 FunctionCore 的上下文接口描述。

表 4-1　华为元戎 FunctionCore 的上下文接口描述

接　　口	详　细　描　述
IF1	函数发布接口，获取用户函数发布的函数代码及元数据管理
IF2	函数事件接口，触发函数运行的外部事件转换为内部事件调用
IF3	函数资源接口，函数运行所依赖的资源申请，包括节点资源、容器资源、网络资源等
IF4	函数运行信息收集接口，包括应用信息和平台信息。应用信息如函数运行日志、函数调用次数、函数资源占用等；平台信息如信息汇总、租户下函数的总数据、总调用次数、成功率等
IF5	函数管理接口，包括函数部署、启动、扩容、缩容、函数下载、鉴权等

华为元戎支持有状态函数编程模型和函数之间的调用，因此，在运行管理面我们要管理状态及访问状态的函数接口，而在运行数据面则要支持有状态函数的调用。

图 4-2 是 FunctionCore 主要模块逻辑图。

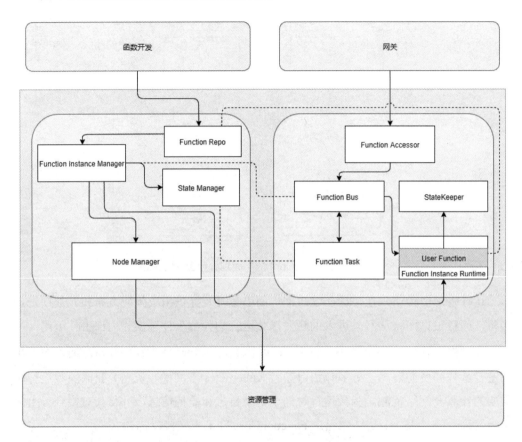

图 4-2　FunctionCore 主要模块逻辑图

当外部请求访问函数时，首先将请求发给 Function Accessor，由 Funciton Accessor 将函数请求转换为内部调用并发送给 Function Bus。如果是有状态函数的直接调用，则函数调用经由本节点 Function Bus 发送给被调用函数节点的 Function Bus，并通过 Function Task 进行状态访问。Function Task 的功能是查询并缓存状态路由，并对状态访问排队以保证状态访问的顺序性。Function Bus 最终会把函数调用请求发送给 Funcntion Instance Runtime，由用户函数执行，而函数执行过程中访问的状态则保存在 StateKeeper 中。我们设计 Function Bus 的目的是对节点上的函数通信地址进行统一管理，加强系统通信的安全性，使用户函数无法直接看到运行环境 IP 地址和端口，从而防止恶意代码的网络攻击。

如果 Function Bus 发现没有需要调用的函数实例或需要进行实例扩容，就会请求运行管理面的 Function Instance Manager 拉起函数实例。Function Instance Manager 从 Function Repo 获取函数的元信息，从 Node Manager 请求函数运行所需要的资源，然后通过 StateManager 查询是否需要创建状态（若状态已经存在则查询获取状态所在的节点）。做好这些工作后，Function Instance Manger 就拉起一个 Function Instance Runtime，Function Instance manager 从 Function Repo 加载用户函数执行。

上述流程介绍是为了帮助读者理解函数执行时运行数据面和运行管理面模块的基本功能，华为元戎在具体实现中为了提升系统的效率和性能，还做了很多优化，后面的章节在介绍华为元戎的关键特性时会对其进行详细介绍。表 4-2 是对 FunctionCore 主要模块及功能的总结说明。

表 4-2　FuncntionCore 主要模块及功能

模　　块	功　　能
Function Repo	函数元数据存储； 函数代码包存储
Function Instance Manager	函数元数据管理； 函数实例生命周期管理，版本管理及升级； 函数实例数量控制及弹性控制； 函数与租户关联管理
Function State Manager	状态分布管理中心，负责状态调度策略管理，支持根据算法将状态实例调度到适合的节点
Node Manager	函数运行时的节点管理，提供函数运行所需资源的管理
Function Accessor	汇总来自外部事件的各类请求，实现在集群内流量的负载均衡
Function Bus	函数高性能通信总线节点代理
FunctionTask	函数状态的访问调度管理
StateKeeper	函数状态存储服务，提供状态存储的高可靠和高性能

运行时系统的核心能力是系统在大规模请求时的弹性能力，它会极大地影响用户函数的吞吐量、时延及可用性。在 Serverless 系统中，由于函数按需调用，所以需要支持函数实例从 0 到 1 和从 1 到 0 的弹性。我们把函数从 0 到 1 的弹性称为函数的冷启动，冷启动的时延对很多应用（如视频类应用）有非常重要的影响。另外，函数的调用性能则是运行数据面性能的关键。在华为元戎系统中，由于状态是系统运行时管理

的，因此我们有机会基于状态信息进行函数的近状态亲和调度，从而缩短函数调用的时延。我们在本章后面章节讨论函数冷启动的优化，然后介绍如何做到函数的高性能弹性伸缩。最后，我们领会函数的调度，特别是近状态调度的实现。

4.2 函数冷启动

函数的冷启动有两种场景，一是当函数首次收到调用请求时，二是函数长时间没有被调用而导致 Serverless 平台将已存在的函数实例删除（即收缩到 0），再次收到函数调用请求。业界 Serverless 平台函数冷启动耗时基本上最好的也要上百毫秒，慢的时候甚至需要几十秒，这对于时延敏感型的业务非常不友好。华为元戎针对函数冷启动在容器启动、代码下载、函数启动等环节进行优化，在不改动操作系统的情况下，使函数的冷启动时延最低可达 10～20ms。本节先分析导致函数冷启动过程耗时长的原因，针对耗时长的环节介绍相应的优化方案。

4.2.1 问题分析

我们首先分析函数冷启动的工作流程，如图 4-3 所示。

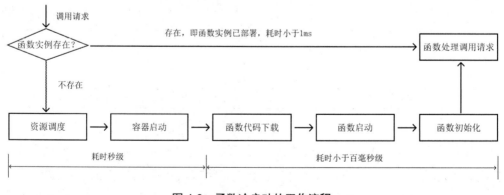

图 4-3 函数冷启动的工作流程

函数冷启动流程通常包括资源调度、容器启动、函数代码下载、函数启动、函数初始化和函数处理调用请求，其耗时分析如下。

- 资源调度：向资源管理服务（如 Kubernetes）获取容器资源，这部分耗时取决于容器服务提供商。
- 容器启动：包括下载容器镜像、配置用户网络、挂载存储、启动容器等，以资源管理服务 Kubernetes 为例，耗时达几十秒。容器启动是整个函数冷启动流程中耗时最长的。
- 函数代码下载：将代码从代码仓中下载到容器中，并将代码包解压，这部分耗时与用户代码大小、网络因素相关，其耗时从几十毫秒到几秒都有可能。
- 函数启动：包括启动函数编程语言运行时、加载函数代码，函数启动时间与函数所采用的编程语言及所依赖库的大小相关。以 Node.js 和 Java 为例，Node.js 的启动需要 15ms，而 Java 极简进程的启动需要 200ms～1s。
- 函数初始化：是指将用户函数运行起来，这部分耗时属于用户侧开销，由用户开发的代码决定，如果用户在函数开发时使用了应用模型框架，则启动需要一定时间，如 AI 应用中的 Tensowflow。函数初始化完成后，函数冷启动也完成了，函数实例就绪。
- 函数处理调用请求：按照业务逻辑处理用户请求，该部分不属于函数冷启动的环节。

通过对函数冷启动各个环节分析，发现函数冷启动耗时主要集中在容器启动、函数代码下载及函数启动方面，接下来介绍华为元戎针对这三个环节提出的一些优化方案。

4.2.2 资源池化

为了降低容器冷启动时间，近年来，各大云厂商在容器启动方面提出多种优化方案，如将容器镜像在使用过的节点上进行缓存，或者使用快照的方式加速启动容器等，但是存在缓存命中率低或节点资源开销大等问题，这类优化方案对于改善函数冷启动时间效果不明显。为了缩短容器冷启动时间更加彻底，以"空间换时间"，采用资源池化方案。

资源池化是指系统维护一个容器池，提前启动一定数量的容器并将其放到容器池中，系统部署函数实例时直接从容器池中申请容器，这样省去资源调度和容器启动的时间，大大缩短函数冷启动时延。当函数采用的是 Java 语言时，函数启动时间可能达到秒级，因此华为元戎系统将其所支持的每一种编程语言建立一个资源池，资源池中的容器启动完成后，还会将编程语言运行时启动起来，这样可以避免在函数启动中编程语言运行时带来的时延不确定性，图 4-4 展示了引入资源池化前后，函数冷启动流程对比。

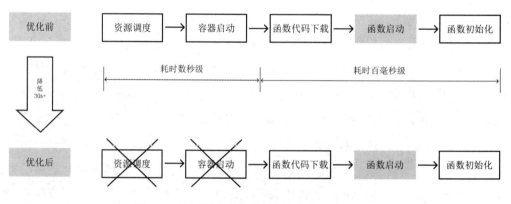

图 4-4　引入资源池化前后函数冷启动流程对比

4.2.3　代码缓存

在 Serverless 中，用户需要将函数代码包部署到华为元戎系统，华为元戎系统会将函数代码包存储到云存储服务中（如华为云 OBS）。当函数调用时，华为元戎系统从云存储服务下载函数代码包，然后将用户函数运行起来并处理函数调用，其工作流程如图 4-5 所示。

由于华为元戎系统从云存储服务中下载函数代码包的时间受到网络因素、用户代码包大小的影响，导致下载函数代码包的时间不可控。因此，在华为元戎系统中引入代码缓存服务（Code Cache），该系统始终从代码缓存服务中下载函数代码包，若在代码缓存服务中未命中，则由代码缓存服务从云存储服务中下载函数代码包，优化后的流程如图 4-6 所示。

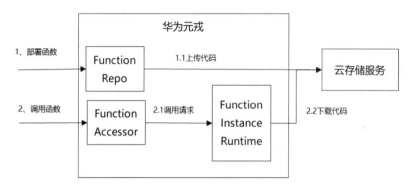

图 4-5　引入代码缓存前函数调用流程

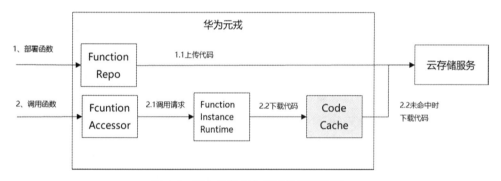

图 4-6　引入代码缓存后函数调用流程

4.2.4　调用链预测

　　前面提到的优化方案中有一个共同特点：针对调用单个函数的场景，如何加快容器启动、函数启动的速度。在实际场景中，大部分情况下用户业务是由多个函数组成的，且函数与函数之间有调用关系或多个函数组成一个工作流（如 WorkFlow）。当函数调用者触发冷启动时，被调用函数很有可能也会触发冷启动[①]，因此，针对函数调用的场景，华为元戎提出函数调用链预测方案，当函数调用请求时减少总体冷启动次数，进而缩短函数调用时延。

　　在函数调用链预测方案中，华为元戎系统维护函数调用链关系，当函数调用链的

---

① David Bermbach，Ahmet-Serdar Karakaya，Simon Buchholz，et al. Using Application Knowledge to Reduce Cold Starts in FaaS Services[C]. In SAC 20th，2020.

顶端函数触发冷启动时，华为元戎系统会同时部署整个调用路径上的函数实例。图 4-7 展示了引入调用链预测机制前后，处理函数调用请求时，函数冷启动次数对比。

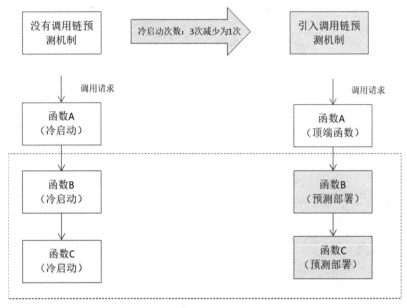

图 4-7　引入调用链预测机制前后函数冷启动次数对比

在图 4-7 中，引入调用链预测机制之前，当华为元戎系统首次收到函数 A 调用请求时，系统触发函数 A 的冷启动 1 次，执行到函数 A 调用函数 B 的逻辑时，系统收到函数 B 的首次调用请求，系统触发函数 B 的冷启动 1 次，函数 C 同理，所以处理本次调用请求时，函数冷启动次数为 3 次；当引入调用链预测机制后，函数 A 为顶端函数，函数 B、函数 C 是整个调用链上的函数，当系统首次收到函数 A 的调用请求时，系统触发函数 A 的冷启动 1 次，同时系统也会部署函数 B、函数 C 的实例，这样，执行到函数 A 调用函数 B 的逻辑时，由于函数 B 实例已存在，所以不会触发函数 B 的冷启动，函数 C 同理，因此，处理本次调用请求时，函数冷启动次数为 1 次。

总结，从上述分析可知，函数冷启动时间与用户的代码包相关，比如用户选择的编程语言、代码包大小。为了使函数冷启动时延表现得更好，对用户使用 Serverless 平台开发应用时有如下建议。

- 减小代码包体积：从代码包中删除不必要的依赖，删除与代码执行无关的文件,如 test 等,让代码包体积减小到最小。打包的文件较少也可以缩短解压缩代码包的时间。

- 选择合适的语言:选择 Nodejs、Python 等轻量语言,减小编程语言运行时带来的长尾延迟。选择 Java 语言需要注意程序的初始化时间,因为这是平台难以处理的部分。

缩短函数冷启动时延需要 Serverless 平台与用户共同努力,追求无止境,华为元戎在函数冷启动方面仍在不断探索,比如如何降低资源池占用系统资源等。

4.3 弹性伸缩

Serverless 方案与传统云原生方案相比的特点之一就是系统的弹性伸缩能力更强,用户只需要专注业务逻辑的开发。Serverless 平台提供自动伸缩和负载均衡功能,由平台根据波峰波谷的实际需求量按需分配资源,启动需要数量的函数实例处理业务,用户按调用次数付费即可。当业务的请求量突增时,弹性的快慢会直接影响应用体验。本节介绍如何在突发流量下提供毫秒级弹性伸缩能力,快速扩容以应对峰值压力。

4.3.1 弹性策略选择

目前业界主要有两类弹性的决策方式:依据应用的资源负载进行弹性决策和依据请求流量进行弹性决策。

1. 依据应用的资源负载进行弹性决策

比较有代表性的是 Kubernetes 的 HPA(Horizontal Pod Autoscaling)机制,通过监控分析 Pod 的 CPU 使用率或应用自定义指标对 Kubernetes ReplicationController、Deployment、ReplicaSet 和 StatefulSet 中的 Pod 数量进行自动扩容和缩容。HPA 机制也是 Kubernetes 中使用最广泛的一种 Autoscaler 机制,其本质是解决资源与业务负载

之间供需平衡的问题。

Kubernetes 的 HPA 实现机制如图 4-8 所示。HPA 的控制器周期性地（默认 15s 可配置）通过 Metric Collector 获取度量指标，按照 Kubernetes 的用户设定的扩容和缩容规则及固定算法计算出期望副本数，将 ReplicationController 或 Deployment 中的副本数动态调整至期望副本数。

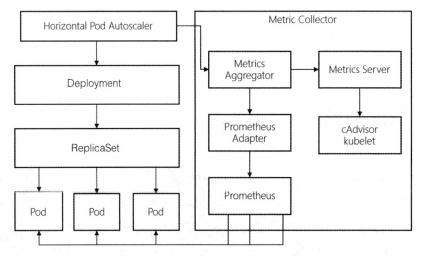

图 4-8　Kubernete HPA 的实现机制

HPA 本身的算法是周期性调度算法，要考虑整体资源和业务的稳定性，HPA 并不会实行大规模快频率的调度调整，因此在两次调度之间保持了一个稳定期（由参数--horizontal-pod-autoscaler-downscale-stabilization 设置，默认 5min）来阻止第二次调整。这种方法在系统负载短时间波动时，可以有效防止系统资源的频繁倒换，对于集群系统的稳定性有较好的保护作用。但对于流量突发场景，如果恰好处于 HPA 稳定期，会导致无法及时扩容而影响业务。也就是说，HPA 的扩容算法在流量突发场景下有一定的滞后性，更多介绍详见 Knative 官网。

2．依据请求流量进行弹性决策

当前比较有代表性的是 Knative 的 KPA（Knative Pod Autoscaler）机制，KPA 算法本质上就是周期性统计业务流量，计算实际需要的 Pod 数量与当前 Pod 的差值为需要扩容和缩容的数量。业务流量统计每隔 2s 触发一次。KPA 核心机制如图 4-9 所示。

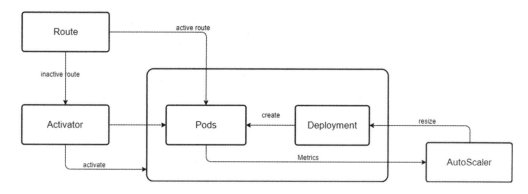

图 4-9　KPA 核心机制

Route 是 Knative 中的路由服务，负责将接收到的业务请求转发到相关的 Pod 实例中，当运行环境中没有请求相关的 Pod 实例时，Route 将请求转发到 Activator 上；Activator 在 Knative 中负责 Pod 实例由 0 到 1 的弹性，一旦 Activator 收到请求后，判断运行环境中不存在请求对应的 Pod 实例时，其会向 Autoscaler 发起扩容 Pod 请求，扩容完成之后，Activator 把请求转发到相应的 Pod 实例中进行处理。同时 Route 也监听到集群中新增的 Pod 实例，Route 会将后续的请求直接转发到新启动的 Pod 实例中，后续的请求则不会再经过 Activator 转发。

每个 Pod 实例中包含一个 kube-proxy 容器，kube-proxy 容器负责采集 Pod 实例中的请求数量，并上报给 AutoScaler。Autoscaler 汇聚所有 Pod 实例的请求数量，根据请求数量计算需要的扩容和缩容的 Pod 副本数，进而将 Deployment 的 Pod 副本数动态调整至期望值。

在面对突发流量方面，KPA 设置了 Stable Mode 和 Panic Mode 模式和对应的扩容和缩容算法，在通常情况下，KPA 处于 Stable Mode 模式，根据在 60s 内窗口接收所有请求的平均数来计算得出 Pod 的期望并发数，通过调整 Deployment 的 Pod 副本数使每个 Pod 能够达到期望的并发数；当短时间窗口（比如 6s）内系统收集到的 Pod 的请求流量超过期望并发数的 2 倍时，则会触发 Panic Mode 模式，在周期更短更紧急的窗口上扩容，快速减缓压力，持续一段时间稳定后，逐步进入 Stable Mode 模式，更多介绍详见 Knative 官网。

KPA 的弹性伸缩方案可以解决从 0 到 1 和从 1 到 0 的扩容和缩容问题，对突发流量的场景处理更友好，并且有借鉴意义。但是，该机制也存在如下问题。

- 通过函数承载的流量无法准确反馈函数实例的负载压力。流量的增加或减少，仅能反映出当前 Pod 实例即将面临的压力，无法反映出当前的 Pod 实例是否有能力快速处理这些请求，因此，依据函数的请求计算所需的 Pod 实例与实际所需可能存在一定的差异。
- AutoScaler 为集中式决策机制，随着集群规模的增大，AutoScaler 可能成为性能瓶颈。

4.3.2 华为元戎弹性方案设计

华为元戎弹性伸缩方案也采用了类似依据请求流量进行弹性决策的方法，但是华为元戎综合考虑了请求处理时延、函数实例的负载压力、函数依赖的周边服务负载压力来决策函数实例的扩容和缩容，以解决函数承载的流量无法准确反馈函数实例的负载压力的问题。由于 Serverless 平台负责函数的请求转发，CPU/Mem/存储等运行资源和硬件资源的分配，打通函数与周边服务的关联，所以平台能够直接获取业务的当前请求数量、请求处理时延、CPU/Mem/存储等资源占用情况，以及周边服务的能力处理情况，这为我们进行综合决策提供了便利。

华为元戎的函数实例弹性伸缩决策方法如下。

- 记录函数的处理时延，以函数的请求处理时延为判断依据。
- 随着函数实例的并发量逐渐增大，如果请求处理时延逐渐增大并超过阈值（当前函数实例的请求平均处理时延），则说明当前的函数实例处理能力已经饱和，华为元戎系统不再将请求转发给该函数实例；如果函数实例的请求处理时延变大但是未超过阈值或没有变化，则说明当前函数实例的处理能力还未饱和。
- 当函数依赖的周边服务的处理能力导致请求处理时延增加（可通过 Service Bridge 能力获取周边服务的调用时延）时，系统不进行扩容。
- 随着函数实例的并发量逐渐增大，如果当前函数占用的资源逐渐增大并接近函数资源配置（函数部署时用户配置的资源）时，则华为元戎系统不再将请求转发到该函数实例。

- 缩容机制，周期性循环判断，假设减少 1 个函数实例，观察待处理请求的时延是否与阈值接近，若接近则缩容 1 个函数实例。

华为元戎通过分布式的两级弹性伸缩实现上述机制：在每个 Function Bus 独立判断业务负载，独立发起弹性伸缩的请求，再由 FnInstanceMgr 综合判断是否需要弹性伸缩。

华为元戎系统的请求处理及弹性伸缩步骤如图 4-10 所示。

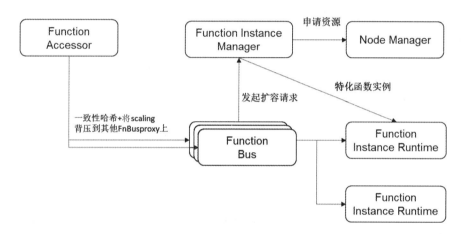

图 4-10 华为元戎系统的请求处理及弹性伸缩步骤

（1）Function Accessor 收到外部消息后，根据一致性哈希的原则将某业务的所有请求调度到某个 Function Bus，Function Accessor 根据 Function Bus 背压来决定是否扩容更多 Function Bus 节点。

（2）Function Bus 缓存请求消息，维护请求队列，将请求转发到相应的函数实例中。

- 如果当前系统中没有函数实例，则触发冷启动机制，实现函数实例从 0 到 1 的扩容。
- 如果已经有函数实例，则依据当前函数实例的处理能力按照弹性策略决策是否需要扩容，若需要扩容则向 Function Instance Manager 发起扩容请求。

（3）如果 Function Instance Manager 收到扩容请求，Function Instance Manager 依

据策略判断是否可以进一步扩容,依据策略选择具体的扩容节点,从 Node Manager 申请空闲容器资源,Function Instance Manager 向 Function Instance Runtime 发起函数特化,并将特化后的实例信息返回给 Function Bus。

(4) Function Bus 将新的 Function Instance Runtime 纳入本地消息处理的调度管理,进行队列中消息的消费处理。

函数实例的弹性策略控制在 Function Bus 模块,根据本地缓存的消息数量决定函数弹性的策略,其算法实现原理如图 4-11 所示。

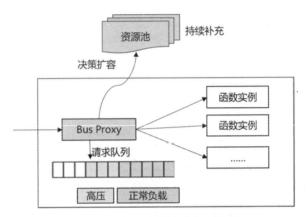

图 4-11 弹性伸缩策略实现原理

具体实施步骤如下。

(1) 随着函数并发请求量的增加,获取本节点上函数实例的处理能力,即函数的调用平均时延,函数最低调用时延,函数处理并发能力。函数调用平均时延需要接近于最低调用时延(在一定阈值范围内)。

(2) 根据函数调用请求队列的长度,估算队列中请求的等待时延,加上平均时延则可预计请求处理完成的时延。

(3) 如果处理时延增加预计超过一定阈值,则进行扩容,使时延值尽量向较优的最低时延值靠近。

(4) 每隔一段时间,评估函数实例的请求处理情况,如果平均 latency 没有增加则考虑缩容。

通过以上的弹性伸缩方案，华为元戎系统综合考虑了流量和系统处理能力，并通过 2 层弹性伸缩控制发起更及时的决策，从而提供毫秒级的弹性伸缩能力。

4.4 函数调度

函数调度作为华为元戎系统的关键技术之一，对提升系统的性能和稳定性极为重要。通常，函数的调度有两种策略。

- 自下而上调度：基于资源调度，优先考虑系统资源的最优分配，通过对系统资源的监控，调度函数优化系统资源。这种调度的典型就是负载均衡，调度器让所有节点的资源保持在同一使用范围内，降低资源碎片，提高资源利用率。
- 自上而下调度：基于业务需求调度，这种调度通常会优先考虑对业务特点进行抽象来定义调度策略，例如，应用高可靠要求相关的函数实例互斥，或者为了避免应用通信带来的实例亲和等。这种调度可以实现业务与资源的最优匹配，保障业务的性能最优，但是也存在业务需求难以抽象、调度策略复杂和全局资源分配不合理等问题。

Serverless 系统是应用的开发平台，因此华为元戎的函数调度的核心思想通过自上而下的调度策略，优先保证函数的运行性能。

4.4.1 调度的关键维度

在华为元戎系统中，函数在调度策略时主要考虑以下几个关键维度。

- 函数业务需求：华为元戎系统支持用户通过指定函数的调度配置来适配运行过程中的业务需求，如函数需要运行的节点亲和、函数与函数之间的反亲和、函数的分组聚合等。华为元戎系统为用户提供静态配置和动态配置，让用户根据业务需求选择。静态配置在创建函数时配置，并保存在函数的元数据中，调度器会对所有函数实例进行调度来满足这些需求；动态配置在调用函数时传入，例如，http 请求会通过请求头传入，调度器只会对配置了动态配置的请求消息进行调度来满足这些需求。函数的动态配置对应函数请求，比静态配置更加精确，可以更加灵活地适配用户需求。因此在调度过程中，动态配置拥有更高的优先级。

- 函数性能需求：华为元戎系统为用户提供如函数间调用和函数内置状态等能力，简化用户开发，提高函数性能。通过对函数状态访问性能的分析，可以发现当函数实例与状态实例部署在同一个节点的性能要比不同节点的性能高出几倍，这主要是由于同节点可以省去网络栈协议开销及内存通信加速。因此，华为元戎系统在调度时着重考虑了状态对函数性能的影响，实现了基于状态的函数调度策略，优化函数性能。在实际过程中，根据对性能的不同影响，华为元戎将调度优先级设置为：函数冷启动优于函数状态访问优于函数间调用。

- 系统资源优化：华为元戎系统作为分布式中间件，和底层的系统资源平台实现解耦，因此从原理上看，华为元戎不负责对系统资源的优化。但是，如果完全不考虑系统资源，由于函数对系统资源的竞争，也会导致函数性能下降，因此，华为元戎调度时也会加入一些负载均衡的思想来优化系统资源。

根据上述的调度维度，华为元戎调度将这些维度细化为如下优先级从高到低的调度因子。

- 函数动态调度配置：每个函数请求的调度需求，拥有最高优先级。
- 函数静态调度配置：函数预置的调度需求，由用户指定，拥有第二优先级。
- 函数冷启动：复用已有的函数实例，避免函数冷启动。
- 函数状态访问：函数实例与状态共节点（即具备亲和性），提升状态访问性能。
- 函数间调用：函数调用函数的场景，尽可能和主调函数共节点。
- 系统负载均衡：尽量平均地使用系统资源。

4.4.2 调度策略

图 4-12 描述了华为元戎函数调度的核心流程。

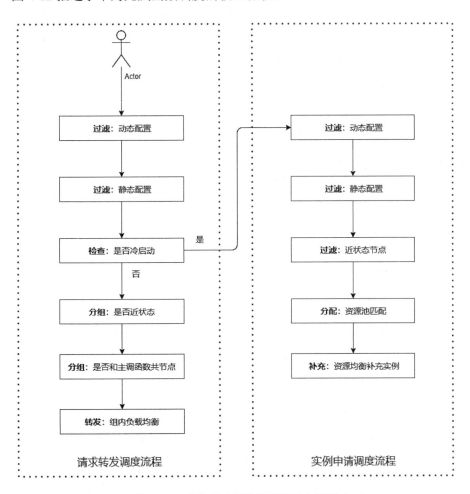

图 4-12 华为元戎函数调度的核心流程

由图 4-12 可知，华为元戎调度主要分为两个场景：函数请求转发和函数实例申请。其中，函数请求转发核心流程如下。

（1）用户发送函数调用请求，包括外部调用或函数调用函数。

（2）调度器从请求中获取动态调度配置，根据动态调度配置过滤筛选备选节点列表。

（3）调度器从函数的元数据中获取静态调度配置，根据静态调度配置过滤筛选备选节点列表。

（4）调度器获取当前函数已存在的实例，并将其作为备选实例列表，根据备选节点列表过滤筛选备选实例列表，如果备选实例列表为空，则触发函数实例申请流程在备选节点列表中申请一个新的实例，并将其加入备选实例列表中。

（5）调度器获取函数要访问的状态实例，查询状态实例所在的节点，并按照是否在状态节点的实例对备选实例进行分组排序。

（6）如果是函数调用函数场景，调度器获取主调函数实例所在的节点列表，对备选实例列表进行分组排序。

（7）在备选实例列表中按照分组优先级，采用负载均衡策略将请求转发给具体函数实例进行处理。

函数实例申请核心流程如下。

（1）华为元戎系统触发函数实例申请请求，包括发送请求的冷启动与弹性扩容。

（2）调度器获取动态调度配置，根据动态调度配置过滤筛选备选节点列表。

（3）调度器获取静态调度配置，根据静态调度配置过滤筛选备选节点列表。

（4）调度器获取函数要访问的状态，根据状态所在节点过滤筛选备选节点列表。

（5）调度器根据函数资源需求获取对应的函数实例池，并且从函数实例池中选择满足备选节点列表的函数实例。

（6）函数实例池管理器为分配的函数实例池补充新的函数实例，优先在分配实例所在的节点上补充。

在实际调度中，由于华为元戎系统为每个状态维护了唯一的实例，因此状态只会属于某一个节点，如果单纯追求函数和状态的亲和，可能会造成资源不均衡，影响整体函数性能。例如，如果有10个函数实例要访问某一个状态，则这10个函数实例可能都会被调度到一个节点，这样不仅会导致资源冲突降低性能，也会降低高可靠容错能力。为此，华为元戎在调度时进行了一定的优化，防止实例过度集中，实施策略主要考虑两个阈值。

- 节点资源阈值：当节点的某一个维度资源达到阈值时，则认为节点的资源已经比较紧张，因此不会采用基于状态进行亲和调度，但是仍然有可能调度到该节点，因此该阈值会设置得比较低，一般为60%。
- 亲和实例阈值：为了防止大量相关实例被状态集中到一个节点，当一个状态被亲和调度一定数量的实例后，则关闭基于状态亲和调度。

4.4.3 函数调度最佳实践

开发者使用华为元戎内置函数状态时，如果了解华为元戎调度策略，则可以开发出性能更优的应用，下面给出常见的场景与建议。

1. 函数通信

华为元戎中函数间共享信息主要有两种方式：一种是通过函数调用传参的方式，另一种是通过定义状态，使两个函数共享状态（即两个函数都是该状态的处理接口）。函数传参方式采用事件进行封装，拥有比较好的并发能力，但是由于消息限制，不适合较大的数据通信，目前华为元戎限制为3MB；而函数共享状态并发能力较差，但是可以保证数据的一致性。因此如果是小数据通信，并且要求并发比较高的场景，建议使用传参方式，以此关闭基于状态的调度，这样可以更有利于华为元戎系统分配资源，同时也省去了系统状态一致性维护的开销，提升函数端到端性能。

2. 临时存储

函数状态经常会作为应用的临时存储使用，解决无状态函数实例退出后数据消亡问题。比如机器学习的参数训练，每个参数工作器会保存训练的参数中间值，可以使用函数状态来保存，并且可以在训练多个阶段函数间进行数据分享，非常适合使用基于状态调度策略。华为元戎系统根据划分的参数状态实例，将要处理状态的函数实例调度到对应的节点提高整体训练性能；如果出现故障，重新执行时也仍然可以保证函数与状态的共节点，不影响训练性能。开发者可以根据自身业务特性来使用函数状态，提升业务端到端性能。

4.5 性能评测

本节通过一个实测案例来展示运行时的性能。PyWren[①]是一个基于 AWS Lambda 运行的大规模计算的 Python 框架,被广泛用于参数服务器框架的实现。图 4-13 是传统分布式训练的典型过程与 PyWren 进行分布式训练的对比。

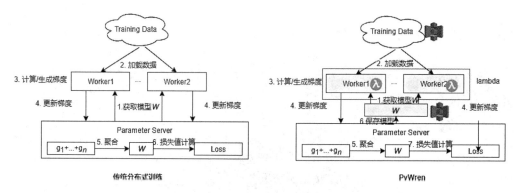

图 4-13　传统分布式训练和 PyWren 的对比

PyWren 用 Lambda 函数来实现训练的 Worker,可以充分利用 Serverless 平台的并行化计算和可扩展能力,降低部分基础设施管理成本。

我们参照 PyWren 平台使用某函数平台+存储服务方案搭建了相应的分布式训练平台,同时使用华为元戎的有状态函数在实验室环境下搭建类似 PyWren 平台的方案。基于华为元戎实现的分布式训练如图 4-14 所示。

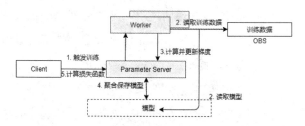

图 4-14　基于华为元戎实现的分布式训练

[①] Eric Jonas,Qifan Pu,Shivaram Venkataraman,et al. Occupy the cloud: Distributed computing for the 99%[C].In Proceedings of SoCC 17th,2017.

参数服务器和 Worker 均以有状态函数运行，模型状态由系统内部管理。由于华为元戎读写状态的性能相比外置存储服务读写性能更高，因此其整体上可以使训练更快，同时使开发人员无须考虑网络配置。

基于表 4-3 所示的实验室测试环境，对比了使用某函数平台+存储服务的方案和华为元戎方案实现的分布式训练性能。

表 4-3　测试环境对比

测 试 环 境	某函数平台+存储服务	华 为 元 戎
网络	10Gbps	1Gbps
Worker 函数	1.5C3G*10	1.5C3G*10
参数服务器	4C16G	4C16G
数据集	Kaggle Criteo Display Advertising　1GB 训练数据	
算法	逻辑回归	
迭代次数	30000 次	

图 4-15 为 Loss 值的对比，可以看到华为元戎方案的 Loss 值收敛速度比某函数平台的方案略快，收敛值也略小。

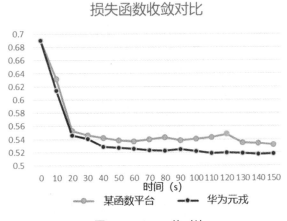

图 4-15　Loss 值对比

图 4-16 为模型更新速度和模型访问时延的对比，华为元戎方案的模型访问时延只有某函数平台方案的 1/30，而其模型更新速度比某函数平台的快约 44 倍。

图 4-17 为资源开销的对比，华为元戎方案的资源开销在某函数平台的 1/6 以下。

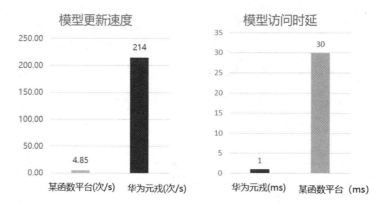

图 4-16 模型更新速度和模型访问时延对比

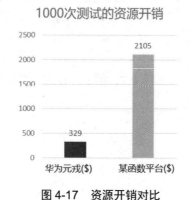

图 4-17 资源开销对比

图 4-18 是线性扩展能力的对比，华为元戎方案的线性扩展能力强于某函数平台。

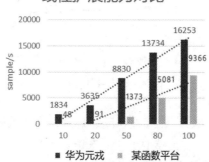

图 4-18 线性扩展能力对比

如果采用某函数平台使用基于 Redis 的缓存服务，则华为元戎方案的模型更新速度会比某函数平台的有较大提升。我们对此也做了对比测试，华为元戎方案的模型更新速度仍然是某函数平台方案的 5 倍左右。

高效对接 BaaS 服务

开发者使用函数开发时需要与 BaaS 服务对接,即各种服务如何方便地触发函数,以及在函数中如何方便地调用各种服务。为此我们设计了 Event Bridge 和 Service Bridge,Event Bridge 可以为服务接入函数系统提供方便,Service Bridge 则为开发者在函数中调用各种服务提供分类的统一接口及各种加速的增值服务。

5.1 Event Bridge:BaaS 服务连接函数的桥梁

Serverless 驱动架构的典型事件模型如图 5-1 所示,该事件模型由事件源、事件、事件处理者构成。对应于函数计算场景,事件源侧产生事件,通过事件机制触发函数(事件处理者)运行。

云服务作为事件源通过 trigger 触发函数的实现方式对接函数,需要克服如下几个问题。

- 每个服务作为事件源,事件源侧面临重复基础能力开发,如轮询事件产生、消息投递(基本投递能力、失效处理、质量保证)、协议处理等。
- 各服务发送给函数的事件格式不同,函数需要做各种事件的解析或适配。
- 事件机制 trigger 与事件源侧紧耦合,可扩展性差,例如,对于推送的事件,云服务需要维护事件到函数的映射关系。

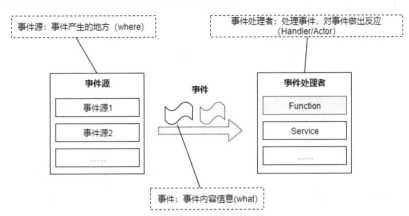

图 5-1　Serverless 驱动架构的典型事件模型

Event Bridge 作为事件总线中间件为上述问题提供了解决方案，负责异构事件源的统一接入、事件协议的标准化、事件源和事件处理者解耦、事件的高性能处理与分发，以及分发质量保证和异常处理等。华为元戎通过 Event Bridge 可以简化云服务构建事件驱动框架的流程，为事件提供统一的格式标准，并为一个 trigger 触发多个函数提供便利。

Event Bridge 既可以作为一个独立的事件总线服务，用于不同服务之间的事件驱动连接，又可以作为 Serverless 的后端服务连接桥梁。

Event Bridge 支持的主要特性如下。

特性一：事件接入。

支持事件源的统一接入、CloudEvents 事件协议标准、自定义事件协议 schema 及 pull 和 push 类型事件接入 endpoint。

特性二：多租隔离与安全。

支持多租实例隔离、安全策略（policy）功能。

特性三：支持事件的复杂处理。

- 支持事件协议转换。
- 支持事件条件过滤、分流、路由等功能。

- 支持多事件的聚合处理,聚合规则支持通用表达式和扩展,其中包括算数、逻辑、字符匹配、timer、counter、reserver、duration、statemachine 等。
- 支持事件分发,支持 fan-out 等分发模型,支持 at-least-once 分发质量保证。
- 支持死信事件等异常处理。
- 支持事件 Trace、统计等。

5.1.1 Event Bridge 基本概念

Event Bridge 的主要概念如下。

- Event source:事件源,即产生事件的各种服务。
- Event:事件,主要指事件的内容。
- Event schema:描述事件协议的 schema,包括事件消息序列化方式,事件消息的字段结构、属性、类型等。
- target:可寻址的事件处理者,如函数。

Event Bridge 的外部视图如图 5-2 所示。

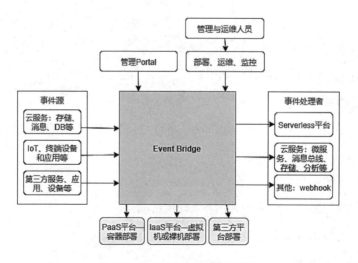

图 5-2　Event Bridge 外部视图

Event Bridge 支持各种事件源发送的事件,接收事件处理者的订阅,可以和外部管理的 Portal 部署、运维和监控系统对接。Evetn Bridge 支持容器部署、裸机部署或虚拟机部署及第三方云平台部署。表 5-1 描述了 Event Bridge 的相关概念。

表 5-1　Event Bridge 的相关概念

概　念	说　　明
Event Bridge Instance	Event Bridge 逻辑实例，由使用者管理其生命周期，每个实例对外暴露 Endpoint 接收事件，其数据面的事件处理和转发功能通过配置规则和策略来进行设置
Endpoint	Event Bridger 用于接收事件的端点，根据不同的事件传输协议提供相应的端点，比如 CloudEvents 的端点是 HTTP/HTTPs 类型的端点
Rule	规则，由 Input filter、Expression、targets 组成，支持事件分发、事件聚合等
Policy	安全策略，用于过滤事件
Convertor	转换器，用于事件协议转换

5.1.2　Event Bridge 架构

Event Bridge 支持的逻辑功能包括 Event Format Framework、Event Processor、Event Receiver 和 Event Dispatcher，如图 5-3 所示。

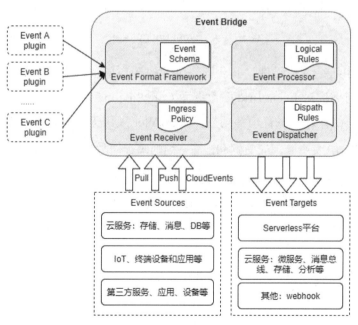

图 5-3　Event Bridge 逻辑功能图

- Event Format Framework：定义 Event Schema，并支持各种 Event 插件，支持将 Event 转换为标准 Schema，从而能够支持现有的各种事件格式。
- Event Procesor：处理各种事件的逻辑规则。
- Event Receiver：接收事件源的事件，支持多种 Ingress Policy，可以从事件源 Pull 事件，也可以接收事件源 Push 的事件，支持事件源发送的 CloudEvents 标准事件。
- Event Dispatcher：将处理过的事件发送到 Event Targerts。

Event Bridge 在实现上包括 Controller、Metadata、Core Pipeline 三个组件，如图 5-4 所示。

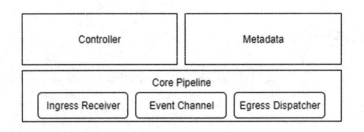

图 5-4　Event Bridge 组件

- Controller：管控组件，其北向提供管控接口层，包括 API、CLI、Utils 等。其南向提供对 Event Bridge 数据面 Core Pipeline 各模块和特性的管控、配置管理、统计、状态管理等功能。Controller 采用无状态设计，支持弹性扩展。
- Metadata：负责管理元数据和配置、规则等存储与持久化，可使用 ETCD 实现。
- Core Pipeline：Event Bridge 的数据面，由 Ingress Receiver、Event Channel 和 Egress Dispatcher 组成。Core Pipeline 实现对事件的接收、协议解析与封装、协议转换、持久化与排队、过滤、聚合、分发、分发质量保证、死信异常处理等功能。

Event Bridge 的部署和运行视图如图 5-5 所示。

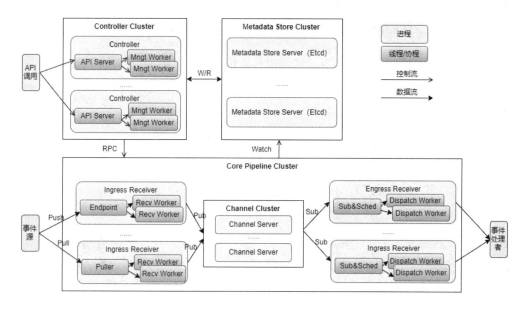

图 5-5 Event Bridge 部署和运行视图

Event Bridge 的运行时可以划分为控制面和数据面。控制面的主要功能和操作包括以下方面。

- Controller 的北向提供 Restful API 和 CLI，提供对 Event Bridge 实例、事件源、事件分发规则、事件聚合规则等管理功能。
- Event Bridge 的管理元数据和规则配置等由 Controller 写入 Metadata Store。
- Core Pipeline 组件通过 Watch 机制订阅 Metadata Store 中的管理元数据和规则配置等。
- Controller 通过 RPC 通道下发控制命令管理 Core Pipeline 组件。

数据面的主要功能和操作包括以下方面。

- Ingress Receiver 接收事件、事件协议解析和转换、Ingress 事件过滤、事件 Pub 到 Event Channel。
- Channel Cluster 消息队列，提供 Sub/Pub 模型和接口；提供事件消息的多副本持久化和排队等。
- Egress Dispatcher 从 Event Channel 消费事件、过滤事件、聚合事件、提供分发模型和分发质量保证、死信事件消息等异常处理。

5.1.3 CloudEvents

CloudEvents 是一种以通用方式描述事件数据的规范。CloudEvents 旨在简化跨服务、平台及其他方面的事件声明和发送。CloudEvents 最初由 CNCF 的 Severless 工作组提出，主要解决如下问题。

- 一致性：缺乏通用的事件描述方式，意味着开发人员必须为每个事件源编写新的事件处理逻辑。
- 无障碍环境：缺乏通用的事件格式，意味着没有通用的库、工具和基础设施来跨环境投递事件数据。CloudEvents 提供了 Go、JavaScript、Java、C#、Ruby 和 Python 的 SDK，可用于构建事件路由器、跟踪系统和其他工具。
- 可移植性：事件发布者对事件的描述不尽相同，从整体上阻碍了从事件数据中实现的可移植性和生产力。

Event Bridge 当前支持 CloudEvents 1.0 版本，后续会兼容 CloudEvents 的演进。

5.1.4 Event Bridge 的应用

Event Bridge 的基本使用流程如下。

（1）注册事件源的信息，包括 Event Schema、类型等与事件源相关的描述信息，下面定义了一个 device-schema，其中 event_schema 字段定义了事件的 Schema 格式。

```
{
    "name": "device-schema",
    "version": "1.0",
    "info": " device schema",
    "type": "custom-event",
    "event_schema": {
        "event": {
            "content_type": "application/json",
            "schema": {
              "$schema": "http://json-schema.org/draft-07/schema#",
                "description": " EVENT JSON Schema",
```

```
                        "type": "object",
                        "properties": {
                            "requestId": { "type": "string" },
                            "subOriginId": { "type": "string" },
                            "publisher": { "type": "string" },
                            "timestamp": { "type": "integer" },
                            "userId": { "type": "string" },
                            "dataType": { "type": "string"},
                            "version": { "type": "string"},
                            "payload":{"type":"object"}
                        }
                                }
            },
            "data":{
                "data_name":"payload",
                "identification": "dataType",
                "content_type": "application/json",
                "schema":{
                    "DEVICE_STATUS_DATA" : {
                        "type": "object",
                        "properties": {
                            "statusDetails":{
                                "type":"array",
                                "items":[
                                    {
                                        "type": "object",
                                        "properties": {
                                            "devId":{ "type": "string" },
                                            "status":{ "type": "string" },
                                            "firstLogin":{ "type": "boolean" },
                                            "gatewayId":{ "type": "string" }
```

```
                                    }
                                  }
                                ]
                              }
                            }
                          }
                        }
                      }
                    }
                  }
}
```

（2）创建和配置 Event Bridge 实例，该步骤生成实例的 key 和 endpoint。

```
{
    "name":"test1",
    "instance_id":"b8343e50-9c64-4c17-80ff-e175a3fa04a9",
    "endpoint": [
      {
        "name": "pushendpoint",
        "retrieve_type": "push",
        "validate_event": false,
        "event_schema": ["device-schema"],
        "config": {
          "protocol": "http"
        }
      }
    ],
    "input_filter_key":[
        "userId",
        "publisher",
        "subOriginId"
    ]
}
```

上面创建了一个"test1"实例，该实例的 endpoint 字段定义了要处理的事件是 push 类型，对应的事件 schema 是（1）中定义的 Schema。Instance_id 字段可以自定义（由开发者保证不重复）或其填空字段由系统分配。

（3）配置规则，包括过滤规则、分发规则、聚合规则、Policy 规则等。

```
{
  "version": "1.0",
  "instance_id": "b8343e50-9c64-4c17-80ff-e175a3fa04a9",
  "rules": [
    {
      "name": "rule0",
      "input_filter": "${userId} == zhangshan",
      "expression": "[${requestId} == \"A1\" && $$counter<3>]",
      "targets": [
        {
          "endpoint": {
            "uri": "http://9.91.49.13:8080"
          },
          "event_msg": {
            "hello": "send mag to 9.91.49.13"
          }
        },
        {
          "endpoint": {
            "uri": "http://9.91.49.15:8080"
          },
          "event_msg": {
            "hello": "send msg to 9.91.49.15"
          }
        }
      ]
    }
  ]
}
```

上面的 rule 规则定义了 input_filter，只处理用户"zhangshan"的事件，该事件满足 expression，即 requestId 为 A1 且计数为 3 次后发送给两个 target 相应的"event_msg"。

（4）事件源将事件发送到 Event Bridge。上述步骤完成后，Event Bridge 即可处理事件源相应的 Schema 格式的信息，并按照规则向 target 发送事件。

5.2 Service Bridge：函数访问 BaaS 服务的桥梁

无论是使用函数重新构建业务，还是将已有业务迁移到函数平台，均需要提升函数调用 BaaS 服务的性能，其主要涉及两方面的问题。

- 当前 BaaS 服务提供的接口方式引入了一定时延。
- 当前各个云服务商的 BaaS 服务接口没有统一的标准，导致不同服务商的 BaaS 服务无法快速切换，造成开发者的学习和迁移成本提高。

具体而言，当前 BaaS 服务对开发者提供的调用接口基本上以提供 http 协议下的 rest 接口为主，同时为了让第三方开发者能够快速集成，也会提供主流语言对应的 SDK 封装，以方便开发者直接调用，其调用路径如图 5-6 所示。

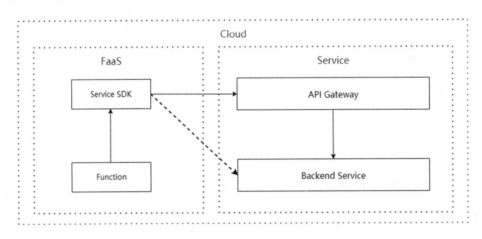

图 5-6　函数调用 BaaS 服务的路径

图中的实线箭头表示通常的调用路径，函数需要从 SDK 调用到 BaaS 服务的 API Gateway，然后由 API Gateway 将请求转发到 BaaS 服务，这样不仅会因为在网络上绕道外部组件而带来额外的消息时延，同时因为 BaaS 服务通常要求的认证安全机制而带来相关的数据转换时延。对一般的业务而言，毫秒级的时延影响不大，但是对复杂的函数逻辑而言，毫秒级的时延可能会影响业务体验。此外，图中的虚线箭头表示在同一个云环境内，如果能够直接从内部将请求转发到 BaaS 服务，则可以有效提升业务体验，即可以考虑通过优化函数调用 BaaS 服务的路径来提升性能。

如果开发者选择了不同云服务商的函数平台和 BaaS 服务，则会遇到更复杂的性能问题，从 SDK 到 BaaS 服务还需要经过时延更加不稳定的互联网，如图 5-7 所示。

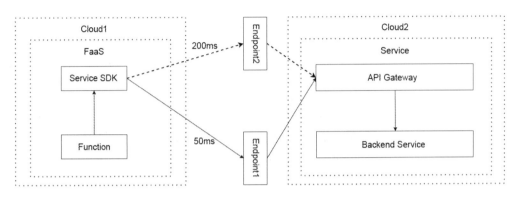

图 5-7　函数跨云调用 BaaS 服务

在该场景下，BaaS 服务提供商会提供多个接入点，地理位置稍近的接入点访问时延会较低，如图 5-7 中虚线的路径需要 200ms 的时延，而实线的路径只需要 50ms 的时延。为了提高业务性能，尽可能使用接入点 1 来访问 BaaS 服务是业务更好的选择，但是函数通过 SDK 调用时一般会采用域名的方式访问 BaaS 服务，每次会随机选择接入点访问云，从而导致业务时延不可控。

5.2.1　Service Bridge 设计目标

为了解决函数调用 BaaS 服务的问题，华为元戎设计了 Service Bridge 作为函数高效访问 BaaS 服务的桥梁，其整体架构如图 5-8 所示。

函数通过 Service Bridge 的 SDK 将 BaaS 服务请求发送给 Service Bridge，Service Bridge 根据请求中指定的 BaaS 服务提供商将请求转换成对应服务的接口请求，进而将转换后的请求转发给 BaaS 服务进行处理。

图 5-9 对比了几种常见的 BaaS 服务调用方案。

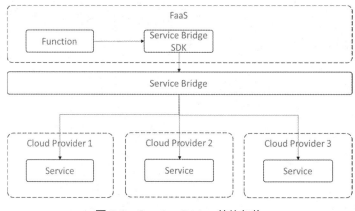

图 5-8 Service Bridge 整体架构

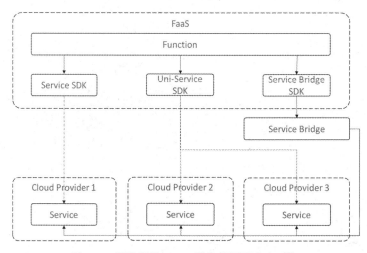

图 5-9 函数调用 BaaS 服务的不同方案对比

图中左边虚线的调用方式表示函数使用 BaaS 服务提供的 SDK 直接调用，中间虚线的调用方式表示由平台提供的统一 SDK 调用 BaaS 服务，右边实线的调用方式是通过 Service Bridge 进行调用，表 5-2 分析了以上三种方式的优劣势。

表 5-2 三种调用 BaaS 服务方式的优劣势对比

调用方式	优 势	劣 势
服务 SDK	函数直接将请求发送给 BaaS 服务，不需要进行数据结构转换	面向不同服务时，提供商需要人工修改代码切换
统一 SDK	在函数调用时，由 SDK 内部进行数据转换后直接发送给 BaaS 服务，不需要中间转发	新的 BaaS 服务提供商接入无法快速适配，需要重新发布 SDK 和函数

续表

调用方式	优势	劣势
Service Bridge	Service Bridge 根据 BaaS 服务转换数据结构，并将其转发给 BaaS 服务，支持动态新增服务	需要进行数据结构转换和请求转发，这会影响调用性能，可根据具体场景通过内部网络转发请求等优化手段提升性能

Service Bridge 的设计理念是屏蔽各个 BaaS 服务提供商之间的差异，为函数提供访问 BaaS 服务的统一标准及 BaaS 服务快速接入平台的能力，让开发者可以自由选择与业务最佳匹配的 BaaS 服务。该设计理念具体包括以下方面。

- 解决函数访问 BaaS 服务的便捷问题，降低开发者对 BaaS 服务的学习成本和运维管理成本：通过对相同垂域的 BaaS 服务屏蔽差异，形成统一接口标准，让开发者可以使用同一套标准开发对接不同的云服务，降低开发者学习和业务迁移成本。

- 解决函数访问 BaaS 服务时连接频繁建立和断开问题，减少对 BaaS 服务产生的压力冲击：当函数需要频繁访问 BaaS 服务时，每次重新发送请求都会带来明显的初始化开销（如建立连接、认证、握手等），Service Bridge 通过代理模式对于需要频繁访问的 BaaS 服务建立代理长连接，消除服务访问的起始开销，降低大量请求给 BaaS 服务带来的冗余负载。

- 解决函数跨云访问异构云 BaaS 服务的互联互通、认证、统一接口体验问题：当函数访问跨云服务商的 BaaS 服务时，其网络互通和安全问题将会成为关键，通常函数调用需要组装复杂的认证信息，造成开发者使用后端服务的体验差。Service Bridge 通过与函数深度融合，让开发者无须关注 BaaS 服务认证信息，只需通过函数配置即可完成认证信息注入，让函数调用 BaaS 服务更加简单。

- 支持函数访问公有云服务、第三方服务、租户自有服务：Service Bridge 通过插件形式提供新增服务的快速接入能力，使函数对接的后端服务可以动态修改，同时支持已有的公有云服务、新开发的第三方服务与租户自有服务。

- 提供函数在端设备、混合云、边缘云、边缘站点对 BaaS 服务的统一访问体验：Serverless 函数除了在云环境中运行，也可能在用户的私有环境中运行，甚至边缘设备、端侧设备未来都可能支持函数运行。Service Bridge 作为函数平台的管理服务，可以拥有更高的权限，并且提供更高安全性的跨环境统一访问桥梁。

5.2.2 Service Bridge 架构

图 5-10 描述了 Service Bridge 内部的功能划分。

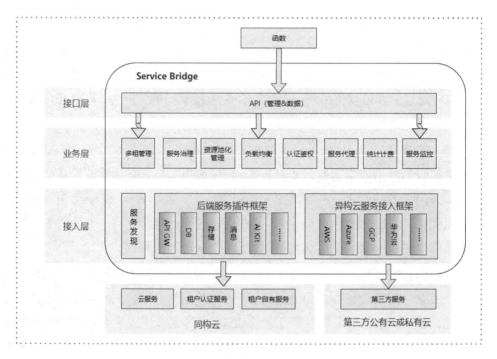

图 5-10　Service Bridge 架构

Service Bridge 上层是接口层，其主要功能是为调用 Service Bridge 提供基本的 API，暴露 Rest 服务接口方便内部函数和 BaaS 服务进行调用；中间层是业务层，提供服务管理能力，包括认证鉴权、负载均衡、服务监控、统计计费等；底层是接入层，包括垂域类 BaaS 服务插件框架，以及异构云 BaaS 服务接入框架，提供对服务数据结构的转换和转发能力。函数调用 BaaS 服务的具体流程如下。

（1）函数通过 Service Bridge 的 SDK 调用 Service Bridge 的接口，将对应请求发送给 Service Bridge。

（2）Service Bridge 的接口层接收到调用请求，根据服务相关配置调用业务层的管理能力，如申请代理、负载均衡、调用认证鉴权等，将 BaaS 服务需要的配置组装好。

（3）Service Bridge 将 BaaS 服务请求转发给 BaaS 服务插件框架，映射到相应的 BaaS 服务插件。

（4）BaaS 服务插件根据要调用的 BaaS 服务提供商来判断是否是本地云：如果是本地云，则转换数据结构并转发给本地云地址；如果是第三方云，则转换数据结构并将服务请求转发给第三方云服务的公网地址。

（5）BaaS 服务接收到函数的请求并处理完成后，将结果返回给 Service Bridge。

（6）Service Bridge 收到 BaaS 服务的处理结果，根据配置判断是否要进行二次处理，处理完成后将结果返回给调用的函数。

图 5-11 描述了 Service Bridge 与周边服务的关系与接口。

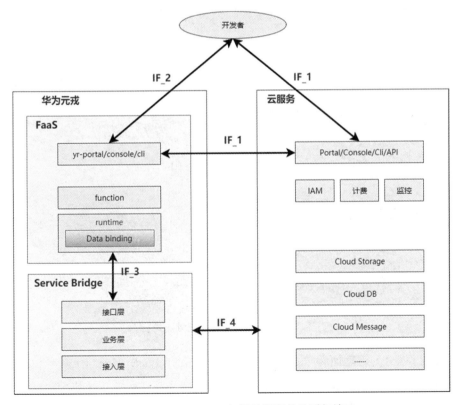

图 5-11　Service Bridge 与周边服务的关系与接口

图 5-11 中接口的主要功能描述如下。

- IF_1 接口：主要是 BaaS 服务本身提供的管理接口，如云数据库、云存储、云消息等服务提供的管理接口，一般是创建和配置对应的抽象管理对象，如存储区、数据库表等。
- IF_2 接口：开发者与 FaaS 之间的管理接口，开发者通过这些接口管理函数和配置函数，并且可将 Service Bridge 要使用的信息配置给函数，以方便函数调用 Service Bridge 时更加简单。
- IF_3 接口：函数 SDK 调用 Service Bridge 服务的接口，其主要功能是将函数调用请求转发给 Service Bridge。
- IF_4 接口：Service Bridge 和 BaaS 服务间的业务接口，如存储数据库、上传/下载文件等。

图 5-12 描述了开发者在函数中使用 Service Bridge 与 BaaS 服务进行互相调用的流程。

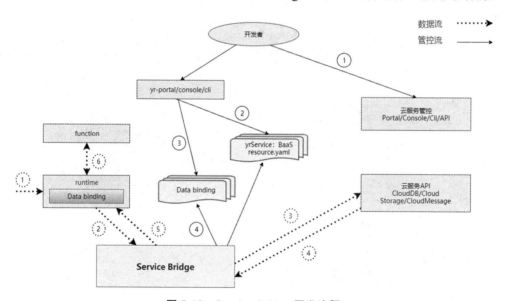

图 5-12　Service Bridge 开发流程

整个过程分为管理面和数据面：管理面主要负责 BaaS 服务与函数平台提供给开发者管理服务和管理函数的流程，要求开发者开通 BaaS 服务和函数平台权限；数据面主要用来处理函数业务。

管理面的具体流程如下。

（1）开发者购买和配置云的 BaaS 服务，获取 BaaS 服务的访问端点、账号、认证秘钥或密码等。

（2）开发者配置 Service 中的 BaaS Resource（BaaS 服务访问的资源配置）配置，包括 BaaS 服务的访问端点、账号、认证鉴权秘钥或密码等。

（3）开发者配置函数的 Databinding（绑定数据传输的 BaaS 服务）配置。

（4）Service Bridge 订阅到开发者配置的 BaaS resource、Data binding 等配置，初始化相关模块，如连接池初始化等。

数据面的具体流程如下。

（1）事件触发函数或函数被调用。

（2）Data binding 模块调用 Service Bridge 的 API，发送 BaaS 服务访问请求。

（3）Service Bridge 收到 BaaS 服务访问请求，并解析请求，代理调用 BaaS 服务的 SDK API 访问 BaaS 服务。

（4）Service Bridge 代理接收 BaaS 服务返回的数据。

（5）Service Bridge 回复 Data binding 模块，返回相关数据。

（6）Data binding 接收 Service Bridge 的数据后，将其转发给函数。

图 5-13 描述了 Service Bridge 内部的模块交互流程。

开发者调用 Service Bridge 主要包含以下步骤。

（1）开发者通过配置函数的 Data binding 配置信息，将 BaaS 服务的认证鉴权、服务地址配置到 ETCD 中。

（2）函数通过 Service Bridge 的 SDK 调用 API，传入 BaaS 服务信息。

（3）Service Bridge 的 API 获取请求参数，如果缺少 BaaS 服务认证鉴权信息，则从 ETCD 中获取，并将认证鉴权信息传给认证鉴权模块。

（4）认证鉴权模块获取认证鉴权信息，调用目标 BaaS 服务提供商的 IAM 鉴权服务，获取服务的鉴权信息，并将其返回给 Service Bridge。

（5）Service Bridge 将请求发给服务代理中的功能服务模块，如数据库服务，服务代理向服务资源池申请代理资源。

（6）服务代理资源申请对应 BaaS 服务的服务代理，将服务请求转换为目标 BaaS 服务的数据结构，并将其转发给 BaaS 服务进行处理，完成服务调用。

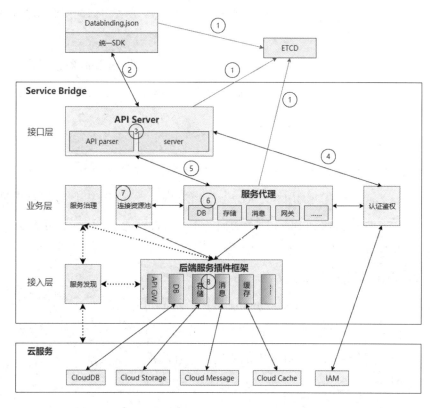

图 5-13 Service Bridge 逻辑视图与流程

5.2.3 Service Bridge 功能

Service Bridge 的主要功能有两个，一是提供面向异构云 BaaS 服务的接口统一标准，二是提供原子 BaaS 服务插件框架。下面介绍 Service Bridge 的功能与实现。

5.2.3.1 Service Bridge提供面向异构云BaaS服务的接口统一标准

Service Bridge 作为函数与 BaaS 服务的桥梁，需要提供具有足够通用性的 BaaS 服务接口标准，以覆盖大部分的 BaaS 服务后端接口，降低开发者的学习和使用成本。

但是，当前的云服务商所提供的 BaaS 服务接口各不相同，要制订一套完整的 BaaS 服务接口标准面临较大挑战。为了简化业务模型，Service Bridge 在设计上需要遵循以下原则，以保证不会因为服务的多样性导致其过于复杂，反而增加开发者学习 Service Bridge 的成本：Service Bridge 提供的 BaaS 服务统一接口标准的范围主要是 BaaS 服务核心数据业务接口，BaaS 服务本身的一些管理配置接口不作为统一标准的内容。

根据该原则，对一个 BaaS 服务而言，Service Bridge 主要会聚焦在开发者常用的业务接口（通常在 10 个接口以内，如云数据库等），其核心接口就是数据记录的增、删、改、查操作，而对于数据区、数据表等的配置，则需要开发者自己预先对接 BaaS 服务进行配置。

图 5-14 列出了函数通过 SDK 调用 Service Bridge 时的核心接口及其关键的数据字段。

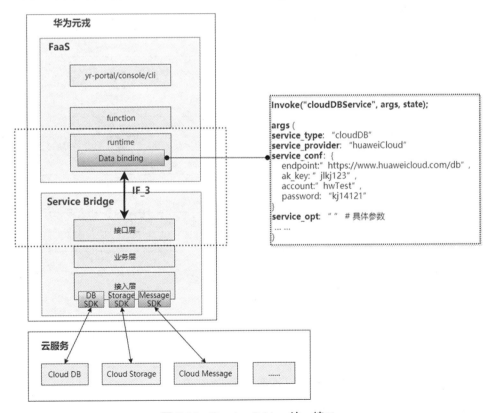

图 5-14　Service Bridge 统一接口

Service Bridge 的核心服务调用接口通过函数编程模型中介绍的 invoke 接口提供，具体定义如表 5-3 所示。

表 5-3　invoke 接口定义

接口原型	invoke(service string, args map<string, object>, state map<string, object>)	
接口功能	调用 Service Bridge 的服务能力，将请求发送给 BaaS 服务处理	
接口输入	Service　　String	需要调用的 BaaS 服务功能类型，即 Service Bridge 中定义的垂域服务
	Args　　Object	传递给 Service Bridge 的调用参数，包含服务请求，以及 Service Bridge 定位服务参数
	State　　Object	函数提供的有状态能力，具有持久化能力，调用服务时不需要，默认空传即可
接口输出	返回服务后端处理结果，以对象字符串返回	
接口异常	ServiceError	后端服务错误
	BadRequest	接口调用输入参数检查不通过
	InternalError	系统内部错误，可能由 Service Bridge 服务自身状态造成
	Timeout	服务调用超时

其中，args 参数作为十分关键的输入，其结构定义字段具体含义如表 5-4 所示。

表 5-4　args 参数

参 数 字 段	描　　　　述	
Service_type	BaaS 服务类型，与参数输入中的 service 语义类似，主要描述云服务类型，而 service 可能存在额外的服务功能，如支持缓存的云数据库	
Service_provider	BaaS 服务提供商的标识符，如 AWS、HuaweiCloud 等，该标识符主要由注册的 BaaS 服务插件提供并处理，建议同一个 BaaS 服务提供商尽量保持标识符一致	
Service_conf	BaaS 服务的配置，目前主要包含 BaaS 服务的访问和认证信息	
	Endpoint	BaaS 服务的访问 url 地址
	Account	BaaS 服务的用户名
	Password	BaaS 服务的密码
	Ak_key	BaaS 服务的访问密钥，据此可不需要用户名和密码认证（需要后端支持）
Service_opt	BaaS 服务的业务参数，由不同的服务类型确定，在调用 BaaS 服务实体之前，会转换为 BaaS 服务的请求结构	

每个接入的 BaaS 服务都会有一个插件对应注册到 Service Bridge 中，这些插件对应的 BaaS 服务称为原子 BaaS 服务。每个原子 BaaS 服务都会属于一类 BaaS 服务类

型，同时也属于某个 BaaS 服务提供商，据此可以列出表 5-5 的原子 BaaS 服务表。

表 5-5　原子 BaaS 服务表

	云数据库	云对象存储	云 缓 存	云 消 息
华为云	CloudDB	CloudStorage	DMC	DMQ
AWS	DynamoDB	S3	ElastiCache	MQ
腾讯云	TcaplusDB	COS	Redis	TDMQ
	Tendis			CMQ

由表 5-5 中可以看出，一个 BaaS 服务提供商在一种功能的 BaaS 服务中，可能会提供多个原子 BaaS 服务，以供不同开发者根据自己的业务需求选用。这些原子 BaaS 服务必然会归属于某类功能 BaaS 服务，即对应于 invoke 输入中的 args 的 service_type 字段。Service Bridge 会根据 service_type 字段找到对应列 BaaS 服务功能域，然后根据 args 的 service_provider 字段找到对应的原子 BaaS 服务，获取对应原子 BaaS 服务的插件对象。原子 BaaS 服务的插件对象中会记录由 service_opt 请求参数转换为目标 BaaS 服务的请求体，并且根据 service_conf 中的 endpoint 发送给后端 BaaS 服务进行处理，完成函数对 BaaS 服务的调用。

当函数要调用的 BaaS 服务提供商发生切换时，只需修改 service_provider 及 service_conf 中的 endpoint 与认证鉴权信息。Service Bridge 会自动找到新的原子 BaaS 服务插件，并将请求转换成新的 BaaS 服务请求体，完成业务请求。整个切换过程涉及的开发者少，可以快速实现服务切换以选择最适合业务特性的 BaaS 服务。

5.2.3.2　Service Bridge 提供原子 BaaS 服务插件框架

举例来说，服务商 A 原本提供了云对象存储的 BaaS 服务 S1 给开发者使用，并且接入了 Service Bridge 平台的服务插件框架。在其上线运营一段时间后，已经有 100 多个业务采用函数方式调用了服务商 A 提供的云对象存储的 BaaS 服务 S1。此时，服务商 A 内部研发了一套新的云对象存储 BaaS 服务 S2，其服务的性能和可靠性相比于云对象存储 BaaS 服务 S1 均有明显提升，但是当前 Service Bridge 平台并不支持云对象存储 BaaS 服务 S2 的插件。因此，服务商 A 的客户无法快速利用云对象存储 BaaS 服务 S2 的优势。按照传统的 BaaS 服务接入流程，在下次大规模维护时，Service Bridge 需要将服务商 A 开发的云对象存储 BaaS 服务 S2 插件集成到 Service Bridge 中，其客户才能够通过配置 SDK 的接口来完成 BaaS 服务的更新。

Service Bridge 为了能够让第三方 BaaS 服务快速接入 Service Bridge 框架，采用动态原子 BaaS 服务插件框架让第三方 BaaS 服务可以实现在线接入。图 5-15 描述了 Service Bridge 的动态原子 BaaS 服务插件框架设计。

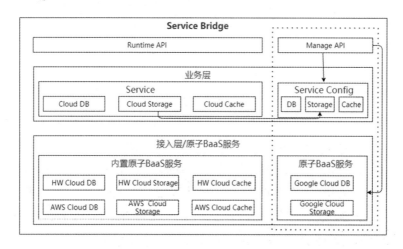

图 5-15　Service Bridge 动态原子 BaaS 服务插件框架

Service Bridge 除了提供主要的服务调用 API，还提供一系列的原子 BaaS 服务插件的管理 API，这些 API 可以对第三方实现的 BaaS 服务进行注册、注销等操作，实现动态接入第三方 BaaS 服务。

由于当前 BaaS 服务数量较多，如果每一个原子 BaaS 服务插件占用的资源较多，就会导致 Service Bridge 消耗过多资源，造成管理面性能不足。为此，Service Bridge 将原子 BaaS 服务插件初始定义为一个简单的 js 函数文件，具体可以参考如下代码。

```
function handle(req, resp, context) {
  opt:= req.opt;
  serviceConf := req.conf;
  serviceRequest := transforRequest(req.opt, req.conf);
  serviceResp := callService(serviceRequest);
  resp.callback(serviceResp);
}
```

其中，req 是函数调用 Service Bridge 时传入的 args 参数，其核心部分是 conf 和

opt，conf 是 BaaS 服务的配置，包括了认证信息和 Endpoint 等信息；opt 是调用 BaaS 服务的请求参数。接入的第三方 BaaS 服务插件的核心逻辑根据 conf 和 opt 将服务调用请求转换为第三方服务请求。由于核心逻辑主要以数据结构转换为主，js 函数的运行环境将由 Service Bridge 提供，目前不支持第三方 BaaS 服务导入依赖。Service Bridge 会提供基础的 http 和 json 解析等能力，以满足大部分云服务的数据转换需求。

当第三方 BaaS 服务完成其原子 BaaS 服务插件的开发后，可以将插件对应的 js 代码文件通过管理 API 注册到 Service Bridge 中。Service Bridge 将原子 BaaS 服务的提供商标识和对应插件的关联关系保存到服务的配置清单中，该配置中存储了不同提供商的同一类 BaaS 服务对应的插件关系，并且将插件 js 文件保存到原子 BaaS 服务的仓库中。当函数调用 BaaS 服务时，Service Bridge 解析要调用的 BaaS 服务类型，并从配置中获取 BaaS 服务插件代码，在运行环境中运行并将请求转发给 BaaS 服务插件处理，完成新接入 BaaS 服务的调用。

5.2.4　Service Bridge 其他使用场景

Service Bridge 也可以借助自身在 BaaS 服务中运行的特殊权限，在一些场景下为开发者提供其他便捷。

5.2.4.1　通过Data binding配置提供服务认证能力

在通常情况下，无须认证鉴权的服务（如查询天气、手机归属地）是很少的，大部分 BaaS 服务为了保证业务的数据安全，都需要提供认证鉴权信息。因此，在利用 Service Bridge 调用 BaaS 服务时，开发者需要通过 service_conf 字段传入 BaaS 服务的认证信息。由于函数需要明确传入 BaaS 服务认证信息，该认证信息通常属于较为敏感的信息，因此，开发者无论是直接在函数代码中指定，还是通过函数请求传入函数中转发，均会带来业务复杂度，同时存在安全风险。Service Bridge 提供了 Data binding 配置，让开发者可以将服务的认证鉴权配置在函数上，使开发者不再显式对 BaaS 服务认证配置等信息进行处理，而且 Service Bridge 会通过加密来保护 BaaS 服务的认证鉴权配置。图 5-16 简单描述了上述原理。

开发者通过引入 Data binding 的 SDK，可以快速从之前配置给函数的 Data binding

配置中读取函数的配置。如图 5-16 所示，开发者通过 getConf 接口可以直接获取 BaaS 服务的配置对象，只需保证 getConf 传入的 Data binding 配置的标识符与配置给函数的标识符匹配，即可获取正确的配置（图中都是 cloudDBSvc1）。在发生 BaaS 服务提供商切换时，开发者只需要通过修改函数的 Data binding 配置即可完成多个 BaaS 服务之间的切换。

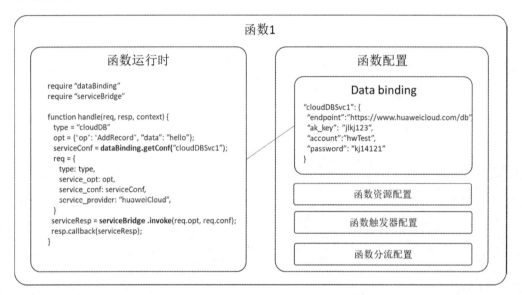

图 5-16　Service Bridge 的 Data binding 配置

通过 Data binding 进行服务配置的方式还可以提供更好的复用性。例如，在传统的配置方式下，不同开发者需要根据自己的 BaaS 服务配置的认证鉴权信息修改函数代码来配置函数内部硬编码。当函数被其他开发者复用时，需要对其进行二次开发，这样不但会增加额外的工作量，而且所复用的函数代码在函数更新时需要手动输入。相比之下，采用 Data binding 方式进行配置，只需要为函数配置一个与标识符一致的对象，函数的代码即可直接复用，这样可以节省大量的开发时间，使复用函数更加容易。

5.2.4.2　企业级的BaaS服务认证能力集成

当业务需要使用多个不同提供商的 BaaS 服务时，需要面对跨多云访问的问题，如图 5-17 所示。

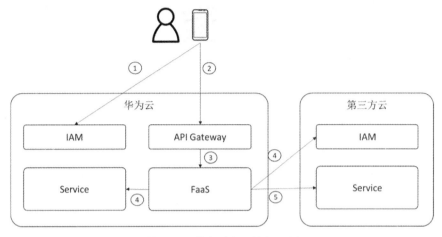

图 5-17　业务跨多云访问示例

图 5-17 中描述了一个手机 App 业务从华为云接入云服务，并且通过华为云的函数平台对接第三方云服务，其主要的业务流程如下。

① 手机 App 调用华为云的 IAM 服务，进行认证鉴权，获取调用凭证。

② 手机 App 使用获取的调用凭证调用华为函数平台的业务服务 API Gateway。

③ 华为 API Gateway 验证调用凭证是否合法，如果合法则转发给对应函数平台的函数进行处理。

④ 函数根据业务判断调用的后端云服务，如果后端云服务是华为云服务，则直接调用云服务；如果后端云服务是第三方云服务，则先调用第三方云服务 IAM，获取第三方云服务调用凭证。

⑤ 函数使用第三方云服务调用凭证发送后端云服务调用请求，完成业务。

当函数业务需要调用第三方 BaaS 服务时，由于跨云之间的不可信关系，函数业务需要进行认证鉴权来获取服务的调用权限。然而，用户起初就已经通过华为云的 IAM 服务验证其身份，并且排除了相关的安全风险，因此再进行一次认证鉴权的过程冗余，这样开发者不仅需要在开发函数时显示配置 BaaS 服务的认证信息，同时还要进行 BaaS 服务后的相关配置，带来额外的开发配置成本。

利用 Service Bridge 可以在原子 BaaS 服务插件上配置两个 BaaS 服务提供商之间

的企业级信任凭证，从而使通过这个原子 BaaS 服务插件调用的请求可以不再显示调用第三方云服务的 IAM 认证鉴权。同时，拥有企业级信任凭证的请求才能正常访问 BaaS 服务，可以保证 BaaS 服务的安全。

5.2.4.3 降低BaaS服务压力

当前 BaaS 服务提供了简单的 REST 接口，由于 REST 接口是基于 http 协议的，因此当实际业务运行时，每一个 BaaS 服务的业务请求都需要进行一次 TCP 建链、请求、断开的过程。该过程不但会带来较大的业务时延，而且在大量请求时也会对 BaaS 服务造成处理压力。图 5-18 描述了当前 TCP 通信协议中服务端涉及的资源。服务后端进程会监听一个服务端口，服务代理将服务请求转发给服务后端进程。服务代理的主要作用是防止后端服务进程直接暴露给外部调用者，防止外部调用者直接攻击服务后端进程，调用者只能通过服务代理调用。这样，后端服务进程可以只对内部 IP 地址进行监听，屏蔽了很多外部的攻击方式。在该架构下，外部的每一个客户端向服务进行一次建链都会在代理服务器上占用一个访问后端服务进程的客户端端口，同时也会消耗后端服务进程的一个本地 socket（即一个文件描述符 fd）。由于系统的 TCP 端口数有限，因此如果大量对后端服务进行建链，则会耗尽代理服务器的 TCP 端口或后端服务进程 fd 资源，造成服务无法处理新的请求。

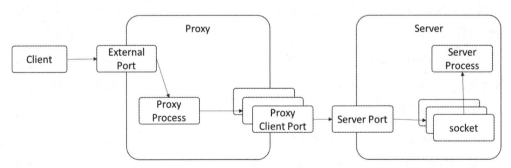

图 5-18　TCP 客户端与服务端通信流程

Service Bridge 通过新的服务代理模式实现 $N∶1$ 的服务调用请求模式，对比传统 $1∶1$ 的 BaaS 服务调用模式，可以大幅降低后端 BaaS 服务的处理压力，其原理如图 5-19 所示。

5 高效对接 BaaS 服务

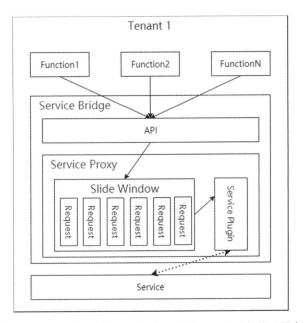

图 5-19 Service Bridge 服务代理降低 BaaS 服务处理压力

当多个函数（或一个函数多次）调用某个 BaaS 服务时，会通过 Service Bridge 转发到对应的原子 BaaS 服务代理上，BaaS 服务代理会将请求放到一个滑动窗口对象中。当 BaaS 服务代理识别到滑动窗口有服务请求时，会把滑动窗口中的请求逐个发送给原子 BaaS 服务插件并将其转发给 BaaS 服务。如果要实现只建立一次 TCP 连接的特性，就需要在原子 BaaS 服务插件开发时采用建立统一 TCP 连接的方式，实现 $N:1$ 的 BaaS 服务调用，以此降低 BaaS 服务的资源压力。同时，由于 TCP 通道的复用可能带来安全问题，服务代理的 $N:1$ 功能只在一个租户内部函数中复用，在多个租户调用时，会重新创建一个 BaaS 服务代理处理另一个租户的请求。

5.2.4.4 Service Bridge实战样例

以函数访问后端的对象存储服务为例，了解如何使用 Service Bridge 进行实际开发。

该样例能够实现一个简单的网盘云文件夹，提供三个基本功能。

- 上传文件：将本地的文件上传到云文件夹中。
- 列出文件：获取云文件夹中的某个文件的访问 url。

- 保存文件：将其他用户分享的文件保存到自己的云文件夹中。

图 5-20 描述了使用函数和 Service Bridge 开发云文件夹。

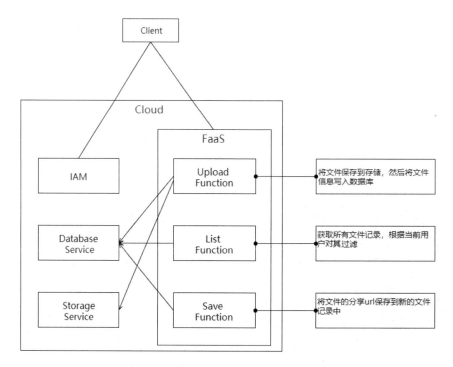

图 5-20 使用函数和 Service Bridge 开发云文件夹

云文件夹的基本使用流程如下。

（1）用户 1 使用客户端通过访问 IAM 登录，获取用户访问凭证。

（2）用户 1 使用客户端将访问凭证、用户信息及要上传的文件信息，发送给上传函数进行文件上传。

（3）用户 1 使用客户端查看自己云文件夹下的所有文件。

（4）用户 1 选择要分享给用户 2 的文件，将文件 url 发给用户 2。

（5）用户 2 使用客户端保存分享的文件，将文件 url 发给保存函数，将文件保存到自己的云文件夹中。

后端函数开发主要使用云数据库和云存储服务，同时采用已有的 IAM 进行用户认证以简化业务。其中，只有上传函数需要同时访问云数据库和云存储服务，执行其他操作时只需要访问云数据库服务。下面列出了实际开发的关键步骤。

（1）配置 BaaS 服务：创建对应的存储桶和数据区，只需要在云存储服务中创建一个存储桶对象，记下其 bucketId 即可，并且在云数据库中创建一个名为 "fileInfo" 的数据区。

（2）业务代码开发：使用 Service Bridge 提供的 SDK 实现 BaaS 服务访问逻辑，需要实现上传、列出、保存三个函数，示例如下。

上传函数，示例代码如下。

```javascript
const dbsdk = require ("yr/service-bridge/clouddb");
const storagesdk = require ("yr/service-bridge/cloudstorage");
const databinding = require ("yr/data-binding");
const iam = require ("yr/iam");

const dbSvcKey = "fileDBSvc";
const storageSvcKey = "fileStorageSvc";

function checkUser(user, token) {
    return iam.valid(user, token);
}

// 上传函数
module.exports.myHandler = async (event, context) => {
    let user = event.auth.user;
    let token = event.auth.access_token;

    // 检查用户认证
    if (!checkUser(user, token)) {
        error = {
            code : 401,
            message: "user is not valid",
        };
        context.callback(error);
    }
```

```
        let fileName = event.file.name;
        let fileContent = event.file.content;  // base64 content

        // 上传到存储中
        let storageConf = databinding.getConf(storageSvcKey).service_conf;
        let storageProvider = databinding.getConf(storageSvcKey).service_provider;
        let storageClient = storagesdk.connectSvc(storageConf, storageProvider);
        let storageReq = {
           name: fileName,
           content: fileContent,
        };
        let storageResp = storageClient.uploadFile(storageReq);
        let fileUrl = storageResp.url;

        // 保存记录到数据库中
        let dbConf = databinding.getConf(dbSvcKey).service_conf;
        let dbProvider = databinding.getConf(dbSvcKey).service_provider;
        let dbClient = dbsdk.connectSvc(dbConf, dbProvider);
        let dbReq = {
           user: user,
           fileName: fileName,
           fileUrl: fileUrl,
           created: new Date(),

        }
        let dbResp = dbClient.setRecord(dbReq);
        context.callback(dbResp);
     }
```

列出函数，示例代码如下。

```
const dbsdk = require ("yr/service-bridge/clouddb");
const databinding = require ("yr/data-binding");
const iam = require ("yr/iam");
```

```
const dbSvcKey = "fileDBSvc";

function checkUser(user, token) {
    return iam.valid(user, token);
}

// 获取文件清单
module.exports.myHandler = async (event, context) => {
    let user = event.auth.user;
    let token = event.auth.access_token;

    // check user verification
    if (!checkUser(user, token)) {
        error = {
            code : 401,
            message: "user is not valid",
        };
        context.callback(error);
    }

    // 保存记录到数据库中
    let dbConf = databinding.getConf(dbSvcKey).service_conf;
    let dbProvider = databinding.getConf(dbSvcKey).service_provider;
    let dbClient = dbsdk.connectSvc(dbConf, dbProvider);
    let dbResp = dbClient.getRecords();

    // 过滤记录
    let resp = [];
    for (r in dbResp.records) {
        if (r.user == user) {
            resp.push(r);
        }
    }

    context.callback(resp);
}
```

保存函数，示例代码如下。

```javascript
const dbsdk = require ("yr/service-bridge/clouddb");
const databinding = require ("yr/data-binding");
const iam = require ("yr/iam");

const dbSvcKey = "fileDBSvc";

function checkUser(user, token) {
    return iam.valid(user, token);
}

// 保存文件
module.exports.myHandler = async (event, context) => {
    let user = event.auth.user;
    let token = event.auth.access_token;

    // 检查用户认证
    if (!checkUser(user, token)) {
        error = {
            code : 401,
            message: "user is not valid",
        };
        context.callback(error);
    }

    let fileUrl = event.file.url;
    let fileName = event.file.name;

    // 保存记录到数据库中
    let dbConf = databinding.getConf(dbSvcKey).service_conf;
    let dbProvider = databinding.getConf(dbSvcKey).service_provider;
    let dbClient = dbsdk.connectSvc(dbConf, dbProvider);
    let dbReq = {
        user: user,
        fileName: fileName,
```

```
        fileUrl: fileUrl,
        created: new Date(),
    }
    let dbResp = dbClient.setRecord(dbReq);

    context.callback(dbResp);
}
```

(3) Data binding 配置：BaaS 服务与函数绑定，使用（1）中的 bucketId 和数据区名与（2）中的三个函数通过配置文件进行绑定，配置示例如下。

```
{
  "fileDBSvc": {
    "service_provider": "huaweiCloud",
    "service_conf": {
      "endpoint": https://developer.huawei.com/consumer/cn/clouddb,
      "user": "cloudDirDemo",
      "password": "myp@ssword",
      "dbZone": "fileInfo"
    }
  },
  "fileStorageSvc": {
    "service_provider": "huaweiCloud",
    "service_conf": {
      "endpoint": https://developer.huawei.com/consumer/cn/cloudStorage,
      "user": "cloudDirDemo",
      "password": "myp@ssword",
      "bucketId": "890123j1141"
    }
  }
}
```

(4) 通过函数管理接口将上述三个函数发布到函数系统，即可完成后端的业务部署，不同用户可以使用简单的客户端完成文件的上传和分享。

云数据库服务

与传统的数据库服务相比,面向端侧的数据库服务提供了客户端与云端、客户端与客户端之间的实时数据同步机制,以及移动端离线可用等面向移动端的特性。由于是 Serverless 化的数据库服务,底层的数据库引擎往往采用存算分离的分布式架构,可以按照移动端的需求自动扩展存储容量或计算节点,其向开发者屏蔽了复杂的数据库扩容过程,极大地简化了客户端的数据存储和访问开发。

6.1 云数据库服务介绍

随着智能终端的多样化、越来越广泛的普及,大量的应用也随之产生,人们使用智能终端的时长逐渐增加,对多种多样的应用需求也越来越强烈。人们在使用应用时,可能希望能够将数据分享给他们的朋友,或者通过应用实时交流,或者和他们的朋友进行一场实时竞技,也可能从多个终端访问数据。那么,数据存储在云端,构建一个能够实现数据端云协同管理的云数据库服务将是有必要的。

完整地构建一个云数据库服务,将会面临着诸多技术和运维挑战。

- 构建复杂的后端系统,设置自己的服务器作为云端来管理数据,并保证服务器日夜不间断运行。

- 多平台、多端数据协同管理构建成本高。需要解决数据在端云、多端间的实时同步，甚至应用离线时，用户依然可以使用该应用。
- 数据安全要求日益增高，数据安全风险大。
- 随着业务数据量的增加，确保服务的可弹性伸缩、可扩展的技术难度高。
- 编写业务代码时，需要做业务模型到数据库字段的映射、编写 SQL、管理数据库连接池等。

这些都需要花费大量的人力物力，开发者应该将这些人力物力花在如何构建应用上。那么，有没有一款数据库能够解决上述痛点呢？针对这一痛点，AppGallery Connect Serverless 平台推出了云数据库服务（Cloud DB）。

6.1.1　Serverless 云数据库——Cloud DB

AppGallery Connect Cloud DB 是一款 Serverless 数据库产品，提供简单易用的端/云 SDK，适用于移动、网页和服务器开发。它可以使 App 数据在各个客户端应用之间、客户端和服务端之间自动保持同步，帮助 App 开发者快速构建安全可靠、支持多端协同的应用程序，从而让应用开发者可以聚焦业务开发，无须关注后端系统的构建、用户数据的安全保护、多端数据的同步及服务器部署维护等，大大提高开发者的生产力，实现业务快速构建、部署及运营。传统移动应用开发模式与 Cloud DB 开发模式的对比如图 6-1 所示。

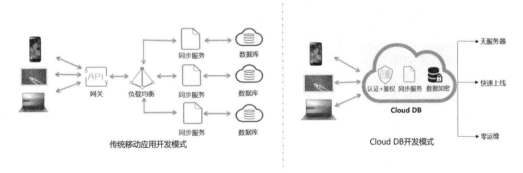

图 6-1　传统移动应用开发模式与 Cloud DB 开发模式的对比

6.1.2 云数据库关键能力

云数据库以 Serverless 技术为基础,提供多平台原生 SDK、统一的数据模型和丰富的 API,助力应用开发者构建端云协同的应用。

6.1.2.1 极简易用

云数据库具备开箱即用、用完即走的能力,开启云数据库后,我们在本地集成端侧 SDK 后,即可访问云侧数据,并进行应用开发。

1. Serverless 零运维

云数据库是基于 Serverless 平台构建的,我们在开启云数据库服务后,即可使用云数据进行应用开发,无须关注云数据库后台服务的部署和运维等事务,从而可以让应用开发者聚焦业务代码开发,快速响应复杂多变的需求。而数据库的性能、扩展性和可靠性将由云数据库提供。云数据库支持数据在应用各个客户端之间、客户端和服务器之间自动同步。

2. 极简开发模式

极简开发模式主要包括以下几个方面。

- 对象化的模型语言,语义简单易懂,零门槛实现对数据的 CRUD 操作,大大降低了开发者使用 SQL 的学习成本。
- 可视化操作平台,开发者在可视化操作平台上创建存储区和对象类型,将其直接集成到本地开发环境的工程中,无须在本地再次创建对象类型。
- 在本地开发应用时,仅集成一个简单的 SDK,即可访问云侧数据,实现对数据库的管理操作。

3. 丰富的 SDK

提供跨平台 SDK,支持 Java、JavaScript 等编程语言。开发者在不同平台上构建应用时,都可以很方便地实现快速接入。

4. 丰富的谓词查询、智能索引

提供丰富的谓词查询,其中包含多个链式过滤条件,实现查询结果数据的过滤、排序，限定返回结果集包含的数量，对查询结果进行分页等。同时，Cloud DB 还支持智能索引，对开发者查询的语句进行自动索引优化。

6.1.2.2　端云数据协同

Cloud DB 能够实现数据在客户端和云端之间的无缝同步，并为应用提供离线支持，以帮助开发者快速构建端云协同的应用。

- 灵活的同步模式：Cloud DB 支持缓存和本地两种数据同步模式。在缓存模式下，端侧数据是云侧数据的子集，查询的结果将会自动缓存至端侧。在本地模式下，数据只存储在本地，不和云侧数据进行同步。
- 数据实时更新：Cloud DB 支持数据在多端、端云之间实时同步。开发者通过对需要关注的数据进行订阅，当关注的数据发生变化后，利用 Cloud DB 的数据同步功能，在端云、多设备间会收到最新的数据推送。
- 应用离线可用：Cloud DB 支持离线可用，用户断网后依然可以继续使用，当用户设备重新上线，Cloud DB 会自动同步用户离线期间产生的数据，并自动解决离线期间产生的数据冲突。开发者无须关心多个设备数据冲突的问题，可实现数据在多端设备间的无缝流动。

6.1.2.3　安全可信

数据安全是开发者非常关心的问题，Cloud DB 在多个层面提供了强大的安全管控机制。

1. 认证管理

在接入层，我们会对每一个连接请求进行鉴权认证，只有通过 AGC 认证服务鉴权服务才可以建立连接。在存储层，Cloud DB 提供了基于角色访问的安全控制能力，开发者在定义数据结构的时候，这个权限就可以针对不同的用户属性，例如，对游客、认证用户、数据创建者等角色进行权限定制，存储层在每次执行数据操作前都会进行鉴权，保障读写操作符合安全要求；除了基于角色的安全规则，Cloud DB 还提供了安全规则脚本定义的能力，开发者可以根据自己的业务需求，自定义安全规则脚本，用于实现更细粒度的安全管理。

2. 数据安全

以上都是在接入层及存储层提供的安全措施，但在端云数据协同的网络环境中，终端用户的数据最终还是会保存到云数据库所在的环境里，里面会涉及用户敏感信息，比如 Email、通信录、个人健康记录、公司金融数据、个人财务信息等，云端环境对开发者而言，属于跨边界传递数据，因而可能存在用户个人隐私数据泄露和滥用的巨大风险。

为了防止用户隐私数据泄露给云侧服务器，一种可行的途径是先将隐私数据在用户端进行加密，然后在云平台中进行存储。虽然该途径可以保护用户数据的机密性，但是传统的加密算法将破坏原有密文数据的顺序信息，使一些能在密文空间上的检索计算不再适用于密文空间，比如范围查询和聚合查询。

针对该痛点场景，Cloud DB 提供了全程加密，在自研加密算法的基础上，具备构建端到端数据全密态流动的能力。数据在出端时会被加密，然后再以密文的形式发送并存储到云侧，只有应用用户才能访问并获取自己的加密数据，云服务商也无法获取，从而可以让用户没有顾虑地使用 Cloud DB 存储数据；同时，云数据库支持密文状态的高效范围查询和聚合查询，开发者可以无感知地利用我们的全密态能力，满足高级别的隐私保护需求。

6.2 云数据库数据模型

Cloud DB 采用基于面向对象的模型化数据存储结构，其主要的数据对象很简单，包含存储区（Zone）、对象类型（ObjectType）和实例化对象三级结构。数据以对象的形式存储在不同的存储区中，每一个对象都是一条完整的数据记录。

存储区是一个独立的数据存储区域，其中的多个数据存储区相互独立。每个存储区拥有完全相同的对象类型定义，开发者可以根据应用需要指定每个存储区的访问权限，对不同的存储区读写数据，可以很方便地实现公共数据和私有数据的隔离。

6 云数据库服务

对象类型用于定义存储对象的集合，不同的对象类型对应不同的数据结构。每创建一个对象类型，Cloud DB 会在每个存储区实例化一个与之结构相对应的对象类型，用于存储对应的数据。如图 6-2 所示的云数据库数据模型中，对象类型 1 定义了属性为 student_id、name 和 age 的对象集合。

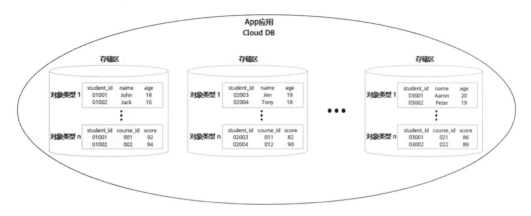

图 6-2 云数据库数据模型

6.3 云数据库架构

华为元戎架构能够帮助云上应用的开发者高效开发，而云数据库作为华为元戎架构的数据底座，在弹性伸缩、多租户管理方面进行了充分的考量与设计。

6.3.1 弹性伸缩的多租户架构

华为元戎架构下的 Serverless 数据库服务，对开发者提供开箱即用、用完即走的低成本服务。租户只有发生了业务实际的读写用量时才进行收费，因此 Cloud DB 需要具备灵活应对开发者业务变化的扩容和缩容能力。

为了能够适应各类大小租户对云数据库系统的需求，Cloud DB 提供了更强的存储资源与计算资源之间的组合能力，其主要目的是实现存储资源的独立扩容和缩容能力、计算资源的独立扩容和缩容能力。因此，Cloud DB 提供多租户管理和弹性伸缩的能力。

为了有效实现 Serverless 云数据库系统在会话建联、任务计算、数据存储三个层面的分层独立扩容和缩容，因而需要实现计算与存储的解耦，以及各自的扩容和缩容能力，Cloud DB 通过三层逻辑架构实现存储、计算独立扩容和缩容。云数据库架构示例如图 6-3 所示。

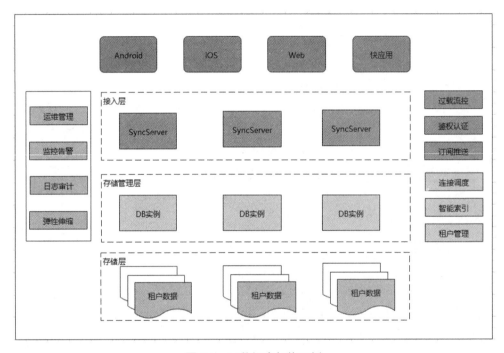

图 6-3 云数据库架构示例

接入层提供无状态的同步服务，它负责租户连接管理、认证鉴权、订阅推送、数据 CRUD 及端云同步等核心业务；Sync 节点可实现横向水平扩展，当集群接入的租户数越来越多、同时连接和请求越来越高、负载较大时，我们可以自动增加 Sync 节点，通过负载均衡器分摊负载；同时接入层实现了租户级粒度的精准资源管理，在多租场景下，能对租户的资源占用进行有效的隔离管控，带来更好的多租体验，进而提升集群可容纳的租户数量。

存储层单集群的计算、存储容量总会有一个上限，因此，当集群中的租户数量越来越多、部分超级租户的数据量越来越大、并发调用量也越来越高时，多租户共享资源的集群能够提供的计算存储资源会成为租户业务增长的瓶颈。我们实现了跨集群在线迁移，在用户零感知的情况下，将超级租户的数据迁往容量更大、租户更少的集群，让其独享更多的连接资源、存储计算资源，来满足其业务迅速增长的资源需求。跨集群迁移如图 6-4 所示。

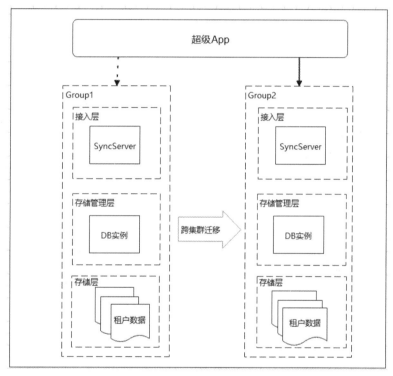

图 6-4　跨集群迁移

6.3.2　多租户精细化管理

租户资源隔离 Cloud DB 从独立部署转向计算与存储共享的部署形态，一个集群内存储多个租户，共享集群的计算存储资源。Cloud DB 实现了租户级粒度的资源隔离，从接入层、存储管理层及存储层实现不同租户级别的资源隔离管理，减少租户之间的资源竞争，以免导致服务质量下降。

冷热管理 Cloud DB 会在后台进行租户活跃度的实时监测，如果租户在一个监测周期内变得不是很活跃，我们会动态释放为其预留的各项资源，包括连接资源、任务执行资源、数据库连接池资源、缓存资源等，将其释放给其他租户使用，避免僵尸租户对活跃租户造成影响，提升集群的资源使用率。

6.3.3 云数据库总结与挑战

Cloud DB 可以大大提高开发者的生产力，缩短项目开发周期，实现快速构建部署，使开发者更加聚焦自身业务的实现。

面向未来，Cloud DB 也面临如下挑战。

全方位业务运营能力：为开发者提供更加全面的运维监控及用量数据汇聚的能力，方便开发者掌握更详细的业务运营情况。

极致分层弹性伸缩能力：构建更加自动、高效、灵活的弹性扩容和缩容能力，比如基于云存储提供的分布式存储能力实现存算分离，数据库实例与存储节点完全独立部署，实现分层弹性伸缩，灵活应对更加复杂的业务场景。

更丰富的数据模型支持：支持更丰富的数据模型的同时不给开发者增加开发成本，通过支持基于 GraphQL 的 SDK，对接关系、键值对、文档等不同的数据模型，向开发者屏蔽不同模型之间的差异性，灵活满足各种模型的业务需求。

云存储服务

在端侧上传和下载文件、图片等内容时往往需要先访问服务端,由服务端的文件处理服务将文件存储在文件系统、数据库或对象存储服务中。利用云存储服务,可以直接在端侧读写云侧的文件;利用端云协同机制,如果文件在上传或下载时网络连接不良,则会自动重试,并在数据传输中断的地方重新启动上传,避免全部文件传输,从而为用户节省时间和资源成本。

7.1 云存储服务介绍

随着移动互联网的发展和短视频等内容分享型社交软件的流行,移动端生成和分享的图片、视频等内容的体积越来越庞大,端侧 App 需要能够便捷地上传、下载和分享这些内容。虽然一些云厂商提供了对象存储服务,将其用于管理文件的上传、下载、归档和备份等,但是针对移动端应用需具备以下特殊的能力。

- 可靠性:移动端网络不稳定,需要具备自动断点续传功能,同时需要考虑流量消耗,避免重复下载导致流量成本增加。

- 开发效率：在端侧上传文件时，往往需要到云端绕一圈，进行鉴权等业务逻辑操作之后，由云端的代码访问对象存储服务。如果端侧可以直接进行鉴权和直接访问云存储服务，就可以避免搭建并维护一套云端系统，提升开发效率。

- 隐私和安全：App 的图片和视频等往往支持跨端、跨用户分享，端侧的分享鉴权策略与云端的用户身份认证体系不同，其业务需要自己编写一套安全校验规则限制其他用户修改分享者的内容。

- 存储容量和成本：App 会随着端侧设备在全球进行漫游，云存储服务需要能够帮助用户屏蔽地域的差异，以及兼顾容量、成本、性能和数据隐私安全等，传统的云存储服务往往很难兼顾移动端应用的场景和需求，需要 App 开发者具备自己构建的相关能力，其开发和维护成本较高。

针对移动端应用文件管理的特点，需要提供一种新的 Serverless 化云存储服务，它需要具备如下关键特性。

- 操作稳定：支持断点续传、网络加速。
- 可靠安全：支持 App 认证服务、数据加密和声明式安全规则语言。
- 弹性伸缩：支持针对存储容量、读写性能等关键指标的租户级/项目级监控及自动扩容和缩容，让上层应用无感知。
- 低成本：针对不同规模的 App，设置不同的定价档位，业务按需付费。

7.1.1 Serverless 云存储服务

Serverless 云存储服务提供简单易用的端/云 SDK，适用于移动、网页和服务器开发。它可以使开发者方便存储和管理 App 产生的图片、视频等各种内容数据。云存储服务工作原理如图 7-1 所示。

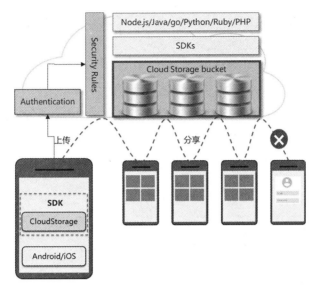

图 7-1　云存储服务工作原理

7.1.2　Serverless 云存储服务关键能力

相比于传统的公有云对象存储服务，Serverless 云存储服务需要具备支持移动端应用的差异化能力，如跨平台的端侧 SDK。表 7-1 为 Serverless 云存储服务关键能力。

表 7-1　Serverless 云存储服务关键能力

能 力 维 度	能 力 说 明
跨平台	Android、iOS、Web、C++等
存储容量	EB 级云存储，自动扩展
权限控制	基于 Authentication 认证机制； 基于 Security Rules 完成鉴权
文件操作	Upload Files； Download Files； Use File Metadata； Delete Files； List Files
运行监控	对象数统计； 容量信息
服务集成	与云函数集成，云存储变化触发云函数执行； 提供 Server SDK，在云函数中访问云存储

7.2 云存储架构

Cloud Storage 的架构设计需要考虑到以下几点来满足产品的不断演进。

- 安全和隐私合规：满足各国/地区组织的隐私和安全相关法律、法规，如欧盟的 GDRP。
- 大容量存储：可支持业务平滑扩容到 EB 级，扩容过程中业务无感知。
- 可扩展性：采用分布式架构构建，服务无状态，可横向平滑扩容。
- 可运维：生产环境问题可发现、可定位、可追溯，业务服务器可度量、可灰度、可扩容、可降级、可隔离。

7.2.1 总体架构

Cloud Storage 架构由端侧 SDK、Console 和云存储服务端三大部分组成，App 开发者可以通过 Console、端侧 SDK、Server SDK 或 CLI 来调用存储服务，对文件进行上传、列举、下载和删除等操作。Serverless 云存储服务架构如图 7-2 所示。

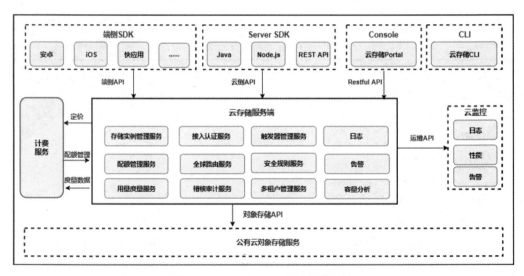

图 7-2　Serverless 云存储服务架构

云存储服务架构各部分的功能介绍如下。

- 端侧 SDK：对端侧 SDK 接口进行统一抽象，封装领域模型，面向不同的端侧操作系统/平台提供统一的 API 模型，降低端侧开发成本。
- Console：提供 Portal 网站和 CLI 命令行工具的管理控制台，支持通过可视化的方式登录管理控制台，执行初始化存储实例、文件管理等操作，底层调用云存储服务的 Restful API。
- 云存储服务端：提供存储实例管理、多租户管理、接入认证、安全规则配置、用量度量和全球路由等服务。

7.2.2 弹性伸缩架构

弹性伸缩是 Serverless 云存储服务中最核心的特性之一，它主要体现在以下两个方面。

- 云存储服务自身：架构不会随着租户规模的增加而频繁进行手工扩容或数据搬迁，整个架构随着租户的增加可以自动化地进行存储容量扩展及接入性能扩展。
- 云存储服务使用者：不用担心存储规模和访问性能问题，随着业务的发展，数据存储量从 1MB 增加到 1PB，底层存储服务的扩容对业务不感知，扩容不中断业务。

要实现 Serverless 云存储服务，需要构建如下几个关键特性。

- 对多租户的调度和支持，根据租户的访问位置将请求路由到最近的存储站点，如果涉及漫游，则通过云专线来解决跨站访问的时延问题。
- 容量监控和预测，通过对租户和租户项目桶的存储空间等关键指标进行监控，以及对增长率的分析和预测，对用户未来的存储空间提前创建并将其放到资源池中，避免运行时临时扩容导致时延增加和超时。

基于上述特性，需要构建一套基于全球多站点支持自动化弹性伸缩的云存储服务，其架构示例如图 7-3 所示。

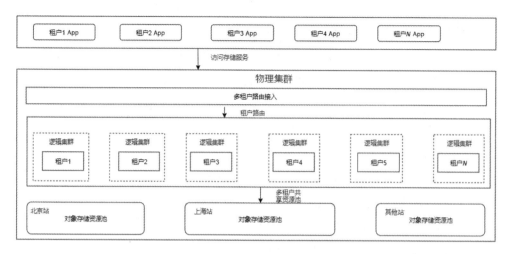

图 7-3　Serverless 弹性伸缩架构示例

云存储服务底层是一套共享的物理资源池，各个租户按需从资源池中申请资源，创建桶和存储对象等。综合考虑成本和数据隔离性，在技术上可以采用逻辑多租实现不同租户间的数据隔离。每个租户是不同的逻辑集群，每个集群都有自己独立的配额上限、流量控制、安全策略等，各租户集群之间互不影响。接入层支持多租户路由，它会根据端侧携带的认证信息查找对应的租户，将请求调度到不同的租户集群，再根据访问的对象存储名称查找对应的对象资源池位置，将请求消息路由到不同站点的对象存储资源池，如果涉及跨站访问，则需要通过云专线来对网络进行加速，尽量避免走公网。

7.2.3　声明式安全规则

在大多数应用开发过程中，开发者通常需要进行大量的工作来解决身份验证和授权两大问题。以内容分享为例，对于内容的创建者，可以有读、写和分享等权限；对于普通用户，只有读权限。安全规则可以向用户简化授权和验证请求的工作，降低此类工作的复杂性。云存储的安全规则工作流程如下。

开发者通过云存储 Console 设置安全规则策略，如图 7-4 所示。

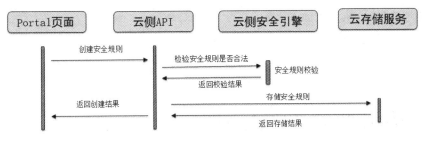

图 7-4 创建安全规则

安全规则语法示例如下。

```
// 在某些情况下, read 规则可以细分为 get 和 list, write 规则也可以细分为
create、update 和 delete, 通过细分操作可以实现细粒度的权限管理
agc.cloud.storage[
    match: /{bucket}/images/{image}{
        allow get: if true;
        allow list: if false;
        allow create: if true;
        allow update: if true;
        allow delete: if false;
    }
]
```

在端侧 App 访问云存储服务时,根据之前配置的安全规则进行校验,只有校验通过的用户才有权限访问,其规则如图 7-5 所示。

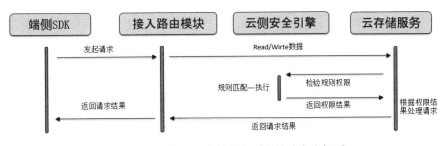

图 7-5 App 访问云存储服务时的校验安全规则

安全规则引擎是个独立的服务,对外提供安全规则执行和校验接口,云存储服务将安全规则和上下文参数传递给安全引擎服务,安全引擎服务根据语法执行规则返回结果。安全规则由开发者编写,支持函数和表达式,规则引擎需要对安全规则本身进

行安全校验，防止恶意的规则脚本执行，保障自身安全。安全规则引擎不仅可以用于云存储服务，还可以广泛用于云数据库等 Serverless 服务，保障用户数据安全。

7.3 云存储服务总结与挑战

通过云存储服务可以解决无服务端情况下的端侧内容上传、下载、分享及身份认证等，极大地提升开发效率，降低运维成本。

面向未来，云存储服务也面临如下挑战。

- 支持多站点存储同时兼顾隐私合规：很多 App 面向全球用户提供服务，需要就近接入，App 的内容数据需要全球存储和分发，如何兼顾全球分发和隐私合规是一个比较大的挑战，例如，欧盟 GDRP 要求的跨境数据转移合规，这不仅仅是技术问题，更多的是法律问题。
- 部署和调试效率：当开发者同时使用多个 Serverless 服务时，如果分别在各个服务管理 Portal 或进行 CLI 部署和升级，则效率会比较低。需要提供统一的 Serverless 模型，通过 YAML 文件来描述应用依赖的 Serverless 服务和规格，实现一键式自动化部署。同时，需要提供一套本地模拟器，方便与本地函数一起进行模拟联调测试。

云托管服务

  云托管服务为开发者的生产级网页内容提供快速、安全的托管服务,其托管内容包括:网页应用、静态和动态内容。开发者只需一个命令,便可轻松快捷地部署网页应用,同时将静态和动态内容提供给全球 CDN 进行分发,还可以将托管与云函数搭配使用,实现事件式驱动编程。云托管服务可以对多种类型的页面进行托管,其典型场景如下。

- 个人博客:用户可以上传生活趣事、分享读书心得,搭建一个展示自我的平台。
- 团队空间:同一工作团队的成员们可以利用团队空间共享办公软件、查阅资料文档、交流工作心得,从而提升工作效率,进一步增加团队凝聚力。
- 创意分享:可以将有趣的内容制作成电子传单,通过网络媒介轻松分享给身边的朋友,提高信息传送效率,确保分享的及时性。
- 静态网站:如果采用前后端分离架构,前端 Portal 只负责静态界面展示,可以不用部署到传统的 Tomcat 等 Web 容器中,直接部署到云托管服务中,降低网站的维护成本。

8.1 云托管服务架构

云托管服务的核心是静态资源托管、证书和域名管理及全球的资源访问加速功能，资源管理能力通过管理台、CLI 和 Restful API 开放给开发者。

8.1.1 系统架构

云托管服务由接入模块、代码仓对接模块和后端服务模块三部分组成，其服务架构如图 8-1 所示。

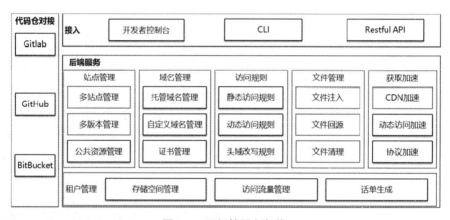

图 8-1　云托管服务架构

接入模块向开发者提供了三种管理云托管服务的方式。

- 开发者控制台：用户成功登陆云托管服务 Console 之后，可以通过界面对云托管服务进行管理，包括站点管理、域名管理、版本管理等。
- CLI：很多开发者习惯通过本地命令行将本地的网站工程发布到云托管服务进行部署，CLI 命令行提供了项目创建、网站部署、证书管理、版本管理等多种功能，这些功能等价于开发者控制台，但是其中的一些功能可能会被删减。
- Restful API：通过 Restful API 可以很方便地对接 CI/CD 系统，代码流水线构建成功之后，通过调用云托管服务的 Restful API 将 Web 网站部署到云托管服务，实现版本发布和上线的全自动化。

代码仓对接模块支持对接常用的代码仓，通过支持主流打包构建工具可以将网站源码自动构建、测试、发布并部署到云托管服务。

后端服务模块主要包括站点管理、域名管理、访问规则、文件管理、获取加速和租户管理功能。

8.1.2 核心功能特性

云托管服务最核心的功能是静态资源托管和访问加速，围绕资源托管还有一系列重要的辅助功能，如站点管理、租户管理等特性，重要的功能特性如表 8-1 所示。

表 8-1 云托管服务核心功能特性

分类	特性	功能
租户管理	存储空间管理	存储空间管理
	访问流量管理	访问流量管理
	话单生成	访问流量管理
站点管理	多站点管理	站点的生命周期管理
		站点的数据隔离
	站点的多版本管理	站点版本的生命周期管理
		站点版本的切换
		站点版本的自动清理
	公共文件访问	系统级公共文件的访问
		站点级公共文件的访问
	托管域名管理	站点托管域名的分配
		站点托管域名的解析
	托管域名的证书管理	托管域名的证书管理
	自定义域名管理	自定义域名的所有权校验
		自定义域名与站点的关联
	自定义域名的证书管理	自定义域名证书的自动签发
		自定义域名证书的过期管理
		自定义域名证书在 CDN 的部署
	站点资源访问规则	站点的静态资源自定义规则
		集成云函数提供动态资源访问

续表

分　类	特　性	功　能
站点管理	站点资源访问规则	提供自定义域名的态链接访问
		HTTP 头域改写
开发者界面	CLI 工具	云托管的 CLI 命令
		CLI 命令的帮助资料
	Rest API 开放	云托管的 API 开放
		云托管 API 的帮助资料
	控制台	云托管的控制台管理能力
		控制台管理的帮助资料
全球化	全球化部署	云托管的全球化部署
	漫游用户服务	漫游用户服务
运维管理	运维监控	云托管的访问质量监控
		云托管的访问调用链监控
		云托管服务的故障告警
运营管理	运营管理	运营管理框架集成
		站点紧急下线
		站点级运营管理
		系统级运营管理

8.2　云托管技术原理

云托管服务涉及租户管理等多个功能特性，限于篇幅等原因，每个特性的详细工作原理不再一一赘述。由于自定义域名和证书、证书的自动更新及新的 CDN 接入是云托管服务的难点和重点，下面重点介绍它们的工作原理和流程。

8.2.1　自定义域名和证书管理

云托管服务支持自定义域名和证书管理，开发者完成域名申请之后，只需提供申请的域名，无须关注 CDN 加速和 SSL 配置，通过控制台一键发布版本即可向全球用户分发网站内容，其示例流程如图 8-2 所示。

8 云托管服务

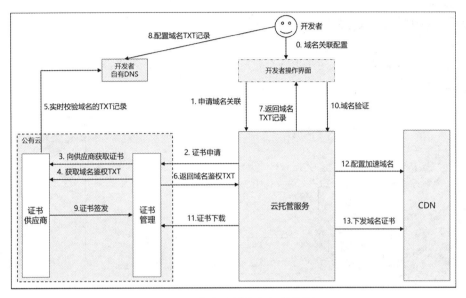

图 8-2 自定义域名和证书流程

8.2.2 证书的自动更新

证书过期前,需要重新申请证书,并更新到 CDN。重新申请证书,通过校验文件的方式验证域名所有权,达到无须开发者参与变更的目的。证书过期的更新流程如图 8-3 所示。

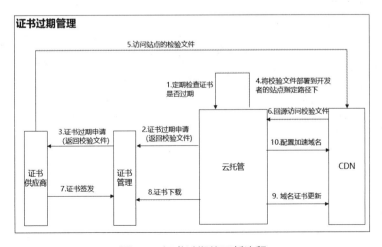

图 8-3 证书过期的更新流程

8.2.3 新的 CDN 接入

对于新的 CDN 接入，其在上线前，需要将已有的自定义域名和证书下发给 CDN，其处理流程如图 8-4 所示。

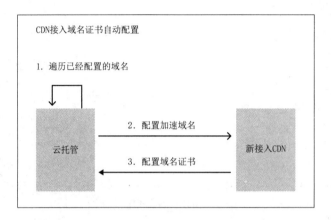

图 8-4 新 CDN 接入流程

翻译服务的 Serverless 架构设计

经过前面几章的学习，我们以华为元戎为例帮助读者理解 Serverless 的架构原理、关键技术和相关后端服务，接下来本章进入实战篇，通过华为终端云服务平台 AppGallery Connect[①]基于 Serverless 技术构建的翻译服务案例，掌握如何在商业项目中进行架构选型并综合运用云函数、云数据库、云存储和云托管来提高研发效率和降低成本。本章的内容包括对 AppGallery Connect 的 Serverless 平台服务和翻译服务进行功能简介，根据翻译服务的特点开展技术架构选型，具体设计介绍翻译服务的 Serverless 架构。

9.1　Serverless 平台与翻译服务

本节对翻译服务使用到的 AppGallery Connect 的 Serverless 全栈服务，以及翻译服务的功能和流程进行介绍，以便读者了解与翻译服务案例相关的业务和组件。

[①] 华为终端云服务平台 AppGallery Connect 致力于为应用的创意、开发、分发、运营、经营各环节提供一站式服务，构建全场景智慧化的应用生态体验。

9.1.1 AppGallery Connect Serverless 平台

AppGallery Connect 的应用构建类服务为应用开发者提供了全栈的 Serverless 平台解决方案，其主要包括：认证服务、云函数、云数据库、云存储和云托管服务，如表 9-1 所示。

表 9-1 应用构建类 Serverless 服务

服务名称	功能说明
认证服务	基于预构建的托管式认证系统，更有效地保护开发者的移动和 Web 用户的数据安全
云函数	事件驱动的函数计算平台，让开发者便捷运行代码而无须管理服务器，且平台保证函数的高可用与弹性伸缩
云数据库	可从端侧访问，端云数据自动同步离线可用的端云协同数据库服务
云存储	可从端侧直接访问，为应用提供安全、可靠、低成本的海量对象存储功能
云托管	动静态网页内容的托管服务，支持一键式部署，安全快速地向用户提供网页访问

Serverless 全栈服务提供了跨端支持，以云函数为例，客户端 SDK 支持 Android、iOS、Web 和快应用等。首次使用这些服务时，需要注册华为账号，创建项目并开通所需的 Serverless 服务，更多介绍请参考 AppGallery Connect 官网指导资料。

9.1.2 云函数

AppGallery Connect 的云函数服务是基于华为元戎的函数计算商用版本，针对移动应用和端云协同开发特点进行了专项的优化，提供了更强大的安全性、可靠性和丰富的 SDK 等特性。云函数几乎可以为任何类型的应用程序或后端服务运行代码，并且无须管理，用户只需聚焦业务逻辑开发、上传业务代码，云函数会处理运行和扩展高可用性代码所需的一切工作。云函数采用事件驱动方式自动触发代码运行，各类事件源可灵活接入，当前已支持云存储、云数据库、认证服务等。

云函数具有如下特点。

- 多语言：支持 Java、Node.js 等多种运行时，支持用户自定义运行时，因此对于用户使用何种语言编写函数无限制，用户可以使用自己熟悉的语言编写、部署函数。
- 自动化管理：为用户管理函数部署、运行所需的所有资源，保证用户代码在高可用基础设施上运行。
- 弹性伸缩：按需调用用户代码，并能自动扩展以适配流量的变化，保证高性能，无须用户进行人工操作。
- 异构基础设施：为函数提供完备的软硬件运行环境，可部署在包括虚拟机、Docker 容器等在内的多种底层基础设施之上。
- 函数编排：提供函数编排能力，允许北向服务将多个独立的原子函数编排为复合型函数，对外提供接口。

9.1.3 云数据库

传统的应用开发，需要通过服务端程序（通常称为对象关系映射框架）和数据库进行交互，编码时需要的从业务模型到数据库字段进行映射、编写 SQL、管理数据库连接池等。随着业务数据量的增加，还需要通过分库分表、读写分离等技术来解决海量数据的存储和热点数据读写问题，对于没有大型应用构建经验的团队，这些细节问题和技术难点将会导致研发成本大幅增加。

AppGallery Connect 的云数据库服务是一种可扩展的 Serverless 数据库，它可以提供简单易用的端/云 SDK，适用于移动、网页和服务器开发。AppGallery Connect 可以使 App 的数据在各个客户端应用之间、客户端和服务端之间自动保持同步，帮助 App 开发者快速构建安全可靠、支持多端协同的应用程序，如图 9-1 所示。

图 9-1 端云数据同步示意图

云数据库的主要功能如下。

- 灵活的同步模式,支持缓存和本地两种数据同步模式。在缓存模式下,端侧数据是云侧数据的子集,如果允许持久化,查询的结果将会自动缓存至端侧;在本地模式下,数据只存储在本地,不和云侧数据进行同步。
- 多种模式查询能力,支持丰富的谓词查询,可以包含多个链式过滤条件,可以将过滤和排序或限定返回结果集的对象数量功能结合使用。在缓存模式下,可以指定从云侧存储区或本地存储区查询数据;在本地模式下,直接从本地存储区查询数据。
- 实时更新,在缓存模式下,可以通过对需要关注的数据进行侦听,并利用云数据库的数据同步功能,将发生变化的数据在端云、多设备间进行实时更新。
- 离线支持,在缓存模式下,如果允许缓存持久化,当设备离线时,应用对云端数据库的查询会默认转为从本地查询。当设备恢复在线状态时,云数据库会将所有本地写入的数据自动同步至云端数据库。
- 安全性高,支持端云全程加密数据管理,App、用户和服务三重认证,基于角色的权限管理等,全方位保障数据安全。
- 伸缩性高,底层采用了分布式数据库,采用计算和存储分离设计,支持从万级到万亿级的数据迁移和自动弹性扩容,迁移不中断业务,业务不需要进行分库分表。

9.1.4 云存储

云存储是专为开发者打造的可伸缩、免维护的云端存储服务,可以用于存储图片、音频、视频或其他由用户生成的内容。云存储具有稳定、安全、高效、易用的特点,开发者无须关心存储服务器的开发、部署、运维、扩容等事务,也无须关心可用性、可靠性、持久性等指标。降低应用使用存储的门槛,让开发者可专注于业务能力的构建。云存储工作原理如图 9-2 所示。

9 翻译服务的 Serverless 架构设计

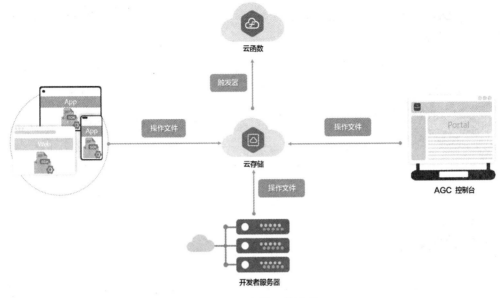

图 9-2 云存储工作原理

相比于传统的对象存储服务，云存储服务的优势如下。

- 声明式安全语言，简化用户授权和验证请求的工作，降低开发复杂性。
- 协同开发，通过配置触发器，在文件发生变化时触发对应的函数执行，实现与函数的协同。
- 弹性伸缩，通过对租户项目的存储空间进行实时监控，利用跨机房调度策略和弹性伸缩平台，实现单租户 EB 级的数据存储。

9.1.5 云托管

云托管服务是一种 Serverless 服务，为开发者提供网页应用和静态界面的托管能力。开发者只需聚焦界面交互、界面样式和业务逻辑，无须关注域名申请、证书管理等安全配置，也不需要关注界面在 CDN 的分发，即可构建高安全、快速访问的网站。

云托管服务功能特点如下。

- 自定义域名，数据存储地在中国，开发者只需提供申请的域名，无须关注

CDN 加速和 SSL 配置，通过控制台一键发布版本即可向全球用户分发托管的内容。

- 系统分配域名，数据存储地在德国、俄罗斯、新加坡站点，服务于海外开发者用户时，开发者可以使用华为分配的域名，例如，fly.dra.agchosting.link、fly.drru.agchosting.link 或 fly.dre.agchosting.link，其中四级域名（fly）可以由开发者自己定义。
- 版本管理，云托管能够将静态内容自动执行上下线的部署，同时可以对历史版本进行管理，例如，执行回退版本、删除版本等操作。

9.1.6 翻译服务

为了提升应用全球化分发效果，解决开发者在应用上架时面临的翻译成本高、翻译质量无法保障、支持语言有限等问题，AppGallery Connect 提供了翻译服务，使开发者能够以更优惠的价格享受到更高的翻译交付质量。开发者可以在 AppGallery Connect 上在线选择专业的人工翻译供应商并完成下单，人工翻译供应商接单后进行人工翻译并上传翻译后的稿件，开发者下载对应的译稿，同时可以对服务商的翻译质量进行打分评价。

翻译服务包含三类角色：开发者、翻译服务商和平台管理员，其中开发者已成功注册华为账号，是使用 AppGallery Connect 翻译服务的用户。翻译服务商是第三方的专业翻译机构或公司，通过服务商入驻和审核流程之后入驻 AppGallery Connect 翻译平台，翻译服务商可以对其提供的翻译服务按照语种进行灵活定价。平台管理员在后台对翻译服务任务单进行质量监管，在收到开发者反馈的翻译质量问题时进行介入，并在翻译平台发起质量跟进流程，督促翻译服务商解决开发者的问题，保障翻译进度和质量。

开发者涉及的主要业务流程如下。

- 开发者询价流程。
- 开发者下单流程。
- 开发者订单管理流程。
- 开发者翻译任务管理流程。

9 翻译服务的 Serverless 架构设计

- 开发者下载翻译稿件流程。

通过对主要业务流程的分析说明，可以更深刻地理解业务，方便识别业务领域对象和建模，以及业务功能对技术架构的要求，为后续的技术选型进行决策参考。

开发者在华为应用市场分发应用时，如果有翻译的需求，可以在翻译服务界面上传需要翻译的原始素材，选择翻译服务商进行询价，因为不同的翻译素材、不同的翻译服务商、不同语种的定价不同，因此价格是计费服务根据上述条件动态计算获得的，不是简单的静态定价。开发者询价流程如图 9-3 所示。

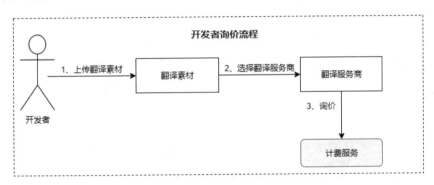

图 9-3 开发者询价流程

开发者根据不同翻译服务商的报价，选择一个翻译服务商进行下单，下单之后可以选择先保存订单后续再支付，也可以选择在线支付。开发者下单流程如图 9-4 所示。

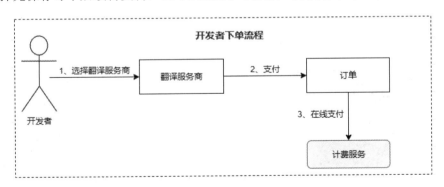

图 9-4 开发者下单流程

开发者可以对翻译订单进行管理，查看订单详情，包括交易时间、支付状态、支付金额、优惠券等。如果尚未支付或支付失败，可以重新发起在线支付，开发者订单管理流程如图 9-5 所示。

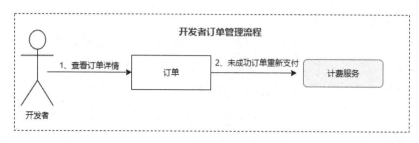

图 9-5　开发者订单管理流程

订单支付成功之后，生成翻译任务，通过翻译任务可以查看原始的翻译素材、翻译任务的当前进度，对于滞后的翻译任务，开发者可以发起催单，通过事件中心将催单消息发送到互动中心，接单的翻译服务商可以收到开发者的催单消息。开发者翻译任务管理流程如图 9-6 所示。

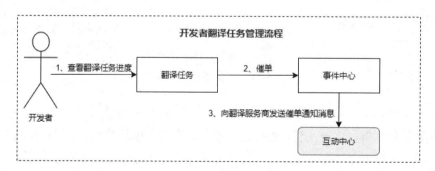

图 9-6　开发者翻译任务管理流程

当翻译任务完成之后，开发者可以通过翻译任务下载翻译稿件，根据翻译的质量，对翻译任务和翻译服务商进行评分。开发者下载翻译稿件流程如图 9-7 所示。

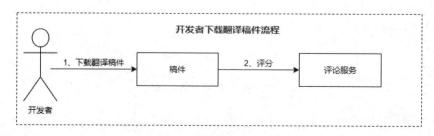

图 9-7　开发者下载翻译稿件流程

翻译服务商涉及的主要流程如下。
- 服务商接单。
- 服务商订单管理。
- 服务商交付翻译稿件。

开发者支付成功之后，对应的翻译服务商接收到下单通知消息，查看订单并下载开发者提交的翻译素材，完成接单。翻译服务商接单流程如图 9-8 所示。

图 9-8　翻译服务商接单流程

翻译服务商可以对订单进行管理，包括查看订单详情、查看订单的评分等。翻译服务商订单管理流程如图 9-9 所示。

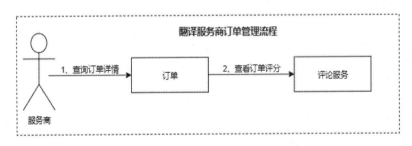

图 9-9　翻译服务商订单管理流程

翻译服务商下载翻译素材之后对其进行翻译，在翻译过程中可以更新翻译任务进度，之后会给开发者发送翻译任务进度更新的消息。翻译完成之后上传翻译稿件，并给开发者发送翻译任务完成通知消息。翻译服务商交付稿件流程如图 9-10 所示。

平台管理员主要负责翻译任务的质量监管，翻译平台提供质量投诉机制，为开发者提供质量升级方式。原则上，开发者和翻译服务商之间应就质量问题进行协商。如果开发者对协商结果不满意，或者直接从平台质量渠道进行反馈，平台管理员将介入，作为中立方协助质量确认和跟进。平台管理员质量管理流程如图 9-11 所示。

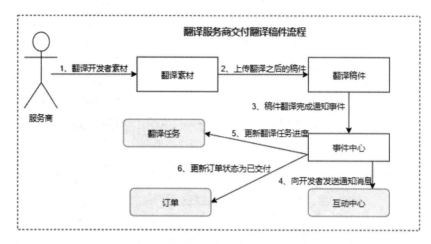

图 9-10　翻译服务商交付稿件流程

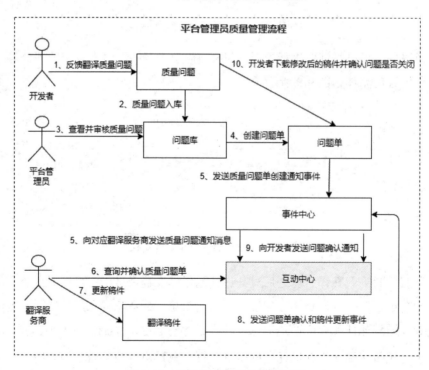

图 9-11　平台管理员质量管理流程

9.2 翻译服务架构技术选型

架构设计的一项重要工作就是对不同解决方案的选择，这种选择可能是业务产品设计层面的，也可能是纯技术层面的。对于翻译服务，当产品范围和功能特性确定之后，下一步工作就是架构设计和技术选型。

在进行架构技术选型时，可以参考团队过去或周边一些业务的经验，但是影响架构选型的因素非常多，包括业务特点、技术特点、团队特点等，业务团队需要针对自身的这些特点选择最适合自己的架构技术。架构技术选型影响因素如图 9-12 所示。

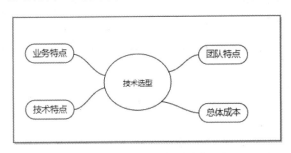

图 9-12　架构技术选型影响因素

下面围绕架构技术选型的几个影响因素，针对翻译服务的特点做进一步分析，确定翻译服务的技术架构。

9.2.1　业务特点

翻译服务的第一个特点就是业务灵活，功能变化快，主要体现在以下几个方面。

- 语种变化，源语种和需要翻译的目标语种会随着服务商的不同和时间的推移发生变化。
- 翻译服务商的变化，不断有新的翻译服务商入驻。
- 翻译素材变化，随着开发者翻译需求的多样化，翻译服务商提供的翻译素材类型也会不断发生变化。
- 营销策略变化，例如定价调整、新增定向折扣等。

翻译服务语种选择功能界面如图 9-13 所示。

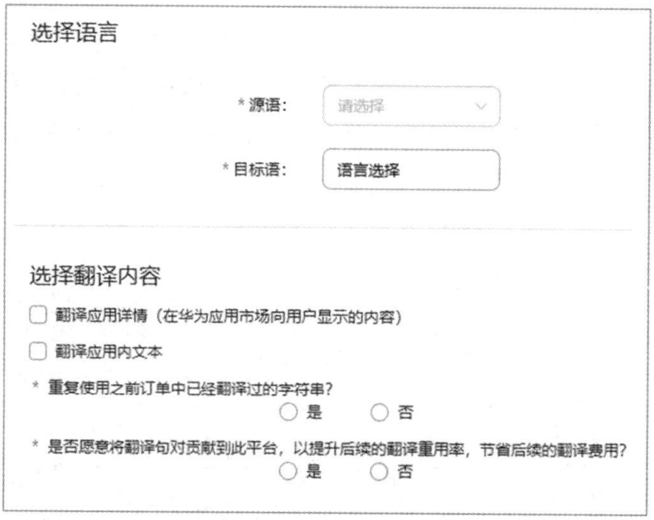

图 9-13　翻译服务语种选择功能界面

业务功能频繁变化，使翻译服务版本能够快速、低成本发布和上线。这涉及前端的 Portal 界面和后台业务逻辑的协同配合，需要一个灵活的架构来应对业务功能变更。

翻译服务的第二个特点就是业务具有明显的高峰和低谷，它面向的通常都是移动端应用运营团队，并非普通的个人用户。业务高峰往往是上班时间，例如，早上 8:00 到中午 12:00，通过弹性伸缩服务动态增加翻译服务器的部署以应对用户访问高峰。

翻译服务还有一个显著的特点就是不同角色之间的事件交互非常多，通过事件驱动来执行业务，比较典型的事件交互示例如下。

- 开发者选择翻译服务商并在线支付成功之后，生成订单支付成功事件。该事件会触发系统自动创建翻译任务，通过互动中心向下单的翻译服务商发送订单支付成功通知消息。
- 翻译服务商完成稿件翻译上传之后，生成稿件翻译完成通知事件。该事件会触发三个子流程执行：系统更新翻译任务进度、系统更新订单状态及通过互动中心向开发者发送回稿通知消息。

以翻译服务商上传翻译回稿触发相关业务子流程执行示例，如图 9-14 所示。

图 9-14　回稿事件触发机制

9.2.2　团队特点

翻译服务研发团队规模较小，其人员组成大部分是前端 JavaScript 开发人员，熟悉后台服务端开发的人员不多，没有配套专属的运维团队，人员构成如图 9-15 所示。

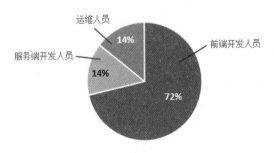

图 9-15　翻译服务团队人员构成

如果采用传统的技术构建翻译服务,无论后端是采用 SpringMVC 框架,还是使用当前比较流行的微服务架构,都会面临如下挑战。

- 服务端技术学习成本高,服务端涉及的框架技术比较多,比较常用的包括负载均衡器 ELB/NGINX、Spring 框架、分布式服务框架、关系型数据库服务、对象存储服务、Web 服务器、ORM 框架等。这些框架种类繁多、功能丰富、使用灵活,要想熟练使用这些框架需要较长时间积累开发经验。
- 多套服务端环境的维护成本高,翻译服务需要搭建服务端的开发联调环境、集成测试环境、灰度环境和生产环境,这些环境的维护成本比较高,需要专门的环境维护人员才能保障环境的可用性。
- 系统的可靠性保障低,业务存在高峰和低谷,以及限时营销活动等,系统需要能够应对突发或周期性的流量高峰,同时要避免资源闲置,提升资源使用率。构建一个能够灵活应对流量高峰的系统,团队需要有丰富的大促流量应对经验,系统架构具有良好的弹性,对于中小型业务团队,由于缺乏经验丰富的架构师,往往很难应对这些技术挑战。
- 架构的平滑演进,系统上线初期,入驻的翻译服务商有限,开发者创建的订单不多,通常单库单表就能支撑。随着业务的发展及交易量的增加,业务需要通过分库分表/读写分离等技术来解决性能和容量问题。每次大的技术架构变更,可能会涉及现网数据割接、业务兼容性等,其成本很高。因此,构建一个具有平滑扩容能力的架构非常重要,这涉及数据层和业务层的平滑扩容,需要对相关技术框架有非常深入的了解。

无论是人员的数量,还是团队对后端服务框架的熟悉程度,都无法满足翻译服务研发团队的需求。解决该问题的办法是,寻找有丰富后端服务器架构设计和开发经验的架构师,但是短时间内找到经验丰富的架构师非常困难,相对而言采用新的技术架构,对弥补人员技能不足是个更好的解决对策。

9.2.3 技术需求

从业务功能角度看,总体上可以将翻译服务涉及的主要技术需求分为两大类:前端 Portal 和后台服务端。

前端 Portal 主要是由 Web 开发的，目前常用的技术方案有两种。

- 前后端分离，前端只负责数据的加工和界面展示，不负责业务逻辑处理。可以采用 Angular.js 或 Vue.js 框架开发，部署方式灵活，不强依赖 Web 服务器。
- 传统的单体架构，前端界面和后端的业务逻辑可以在同一个 Web 工程中开发，部署在同一个 Web 服务中运行，如 Tomcat。

考虑到架构的先进性和扩展性，服务端整体上采用分布式技术来构建，涉及的主要框架如下。

- 后台业务逻辑，使用微服务或云函数进行开发。
- 数据存储、订单等关系型数据，使用支持关系型数据存储的云数据服务。
- 翻译素材等文件存储，考虑到成本、可靠性和性能等因素，使用对象存储服务进行存储。
- 事件触发和消息通知，可以基于传统的分布式消息队列（简称 DMQ），事件总线或函数触发器实现事件的订阅通知等功能。

9.2.4 成本需求

翻译服务的成本主要涉及研发成本、运维成本和资源成本，翻译服务首次上线时主要的成本集中在研发和资源消耗上，上线之后的成本主要集中在运维和系统优化上。翻译服务研发成本构成如图 9-16 所示。

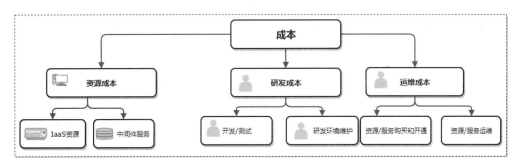

图 9-16　翻译服务研发成本构成

为了尽可能降低成本，需要从资源购买和消耗、研发和运维等几个维度来综合考虑，通过选择合适的技术架构来管控成本。

9.2.5 架构选型

根据翻译服务的特点，当前主要是 B/S 类型的应用，后续可能会增加移动 App 客户端，如何提升 App 的构建效率，在架构上也需要考虑。在前后台解耦的总体架构原则下，分别针对基于微服务架构和 Serverless 架构进行选型对比分析。

9.2.5.1 微服务架构

将业务系统按领域建模后拆分成多个微服务，每个微服务有自己的独立数据库，由微服务后台将翻译素材和回稿存储到 OBS 服务，面向开发者和翻译服务商的 Portal 通过 API 网关来调用后端开放的微服务接口，不同领域的微服务之间采用 API 或 DMQ 消息的方式进行交互。基于微服务架构的翻译服务如图 9-17 所示。

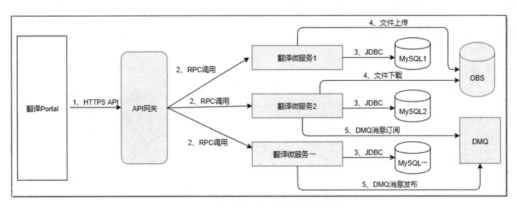

图 9-17 基于微服务架构的翻译服务

在微服务架构中，微服务框架的选型是重中之重，可以直接选择开源或自研的微服务框架，通过公有云购买云主机资源，自己部署微服务及相关的注册中心等配套服务，也可以直接选择云上的微服务引擎服务，如华为云的微服务引擎 CSE。

对于翻译团队，采用微服务架构存在如下几个问题。

- 前端和后端的开发环境和语言不同，翻译服务需要前端和后端两种开发团队，同时前端和后端的开发人员需要进行一定的协作和沟通，前端和后端沟通协同成本较高。

- 需要自己购买云资源，配置环境及服务上线后的质量监控等一系列运维操作，诸如防火墙配置、网络安全组策略、VPC 和子网划分等往往需要专业的运维人员参与，翻译团队并没有专职的运维团队，如果配置不当可能会导致安全问题。
- 翻译服务面向的是开发者或翻译服务商，其平时的操作主要集中在办公时间，而后端的微服务是一直在线的，没有做到按需使用，存在一定的资源浪费。
- 随着业务的发展，系统请求会越来越大，或者在某段时间内的请求激增，导致系统需要进行扩容或弹性伸缩，因此需要有一套系统及运维来支撑资源的弹性伸缩功能。

9.2.5.2　Serverless架构

将业务系统按领域模型和业务功能拆分成多个函数，每个函数负责单一的功能，函数可以直接调用云数据库、云存储等服务来进行数据存储，也可以由前端集成对应的 SDK 后直接触发调用后端的服务，基于函数的各种触发器也使系统转变为基于事件的数据处理流程，例如，翻译完成并上传译稿后触发函数给开发者发送消息。API 网关作为 Serverless 服务的重要一环，承接的是 REST ful 风格的 HTTP 请求并拉起对应函数执行的逻辑。另外，由于架构本身是前后端解耦的，前端只涉及相关的静态资源，可以直接将其托管到云托管服务中。基于 Serverless 技术构建的翻译服务架构如图 9-18 所示。

相比微服务架构，基于 Serverless 的架构有如下改进。

- 函数可以采用 Node.js 语言开发，对前端开发人员来说更容易上手，同一个开发人员既能完成前端的开发，又能完成后端业务逻辑的开发，端到端完成一个完整的业务功能，降低沟通和协调成本，提升研发效率。
- Serverless 架构实现了对开发者的免运维，开发人员不需要自行购买资源/服务、部署资源/服务、监控质量等运维操作。

- Serverless 服务是按需使用的，当真正有开发者使用的时候才会运行函数，其他情况会自动回收相关资源，节约资源成本。
- Serverless 架构本身支持弹性伸缩，对业务来说无须关注其资源和性能不足的问题，只要关注自身的业务功能即可轻松应对流量高峰和业务增长。

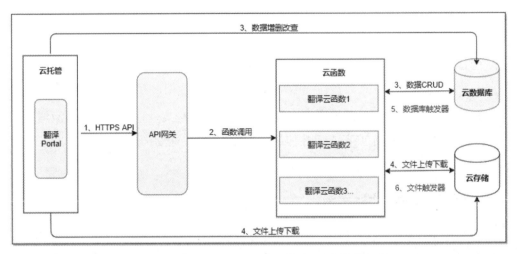

图 9-18　基于 Serverless 技术构建的翻译服务架构

9.2.5.3　技术选型结果

通过对微服务架构和 Serverless 架构的特点、优缺点进行对比，结合翻译服务团队的现状，选择 Serverless 架构来构建翻译服务，主要优点如下。

- Serverless 服务免运维，云函数的部署和升级灵活方便，对开发人员的技能要求低，可以充分满足业务快速发布和上线的需求。
- 屏蔽了前端和后端的架构差异，前端和后端可以由同一个人采用自己熟悉的语言进行端到端开发，团队已有的前端人员可以快速上手开发后端服务，使项目能够立即启动。
- 利用 Serverless 架构的弹性伸缩特性，翻译团队可以轻松应对流量波动和业务增长，不需要寻找高水平的架构师，也不需要在业务上线之后因为性能不足而不断重构优化架构性能。

- 函数按需运行、服务按使用量计费，对于像翻译服务这种不需要实时在线运行的业务，可以极大地降低资源使用成本。

采用 Serverless 技术来构建翻译服务，可以兼顾业务变化快、团队开发和运维经验不足等诉求，同时兼顾技术架构的先进性和可演进性。

9.3 翻译服务 Serverless 架构

明确技术架构选型方向后，需要基于 Serverless 框架对翻译服务进行架构设计。软件架构是一个极其复杂的整体，架构师无法"一蹴而就"将其考虑清楚，必须采用"分而治之"的思维方式。通过关注软件架构的不同侧面，使问题得以清晰化和简单化，便于架构师完成架构设计工作。多视图的软件架构是软件架构设计文档中的重要组成部分。它不仅是一种架构归档的方法，还是一种架构设计的思维方法。按照视图划分软件，通常采用 4+1 视图[①]方式，即逻辑视图、开发视图、部署视图、运行视图和用例视图。

对于翻译服务，逻辑视图非常重要，我们需要按照业务功能进行领域建模。领域建模的方法非常多，可以基于业务经验进行建模，也可以利用一些标准的领域驱动设计技术，如 DDD。因为 DDD 本身较为复杂，通常用于大型、复杂的企业业务设计中。翻译服务可以借鉴 DDD 中的一些方法来辅助领域建模和函数划分，不需要照搬其战略设计和战术设计的全部流程。

按照架构分层设计的理念，我们首先完成翻译服务的零层和一层架构设计，然后结合 DDD 的设计方法，完成翻译服务的领域对象设计、限界上下文和业务子域划分，最后根据业务子域和限界上下文划分函数。

---

① 1995 年，Philippe Kruchten 在 *IEEE Software* 上发表了题为 *The 4+1 View Model of Architecture* 的论文，引起业界极大关注，最终被 RUP 采纳。

9.3.1 功能架构

一个完整的功能架构通常包括：架构上下文、架构的功能视图和模块划分，在具体实现上，可以采用架构分层的方式实现由外到内的层层分解和细化，最终把架构完整的功能视图描述出来。

9.3.1.1 零层架构

零层架构主要描述翻译服务周边的系统上下文，以及翻译服务与周边系统的交互关系，如图 9-19 所示。

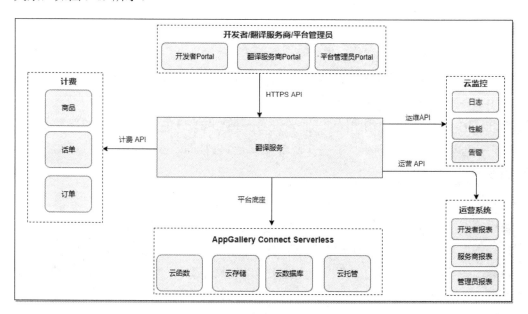

图 9-19 翻译服务零层架构

开发者、翻译服务商和平台管理员通过翻译服务 Portal 与翻译服务进行交互，翻译服务的日志、性能和告警通过文件流接口/Restful API/SDK 接入云监控服务中。翻译服务的定价试算、在线支付通过 Restful API 形式调用计费系统，获取到支付结果等系统响应之后生成对应的订单。与运营相关的报表数据由运营系统提供，并使报表数据对开发者和翻译服务商开放。翻译服务技术平台底座可基于 AppGallery Connect 的 Serverless 平台来构建。

9.3.1.2 一层架构

一层架构主要描述翻译服务的功能划分，与具体采用什么技术构建无关，如图 9-20 所示。

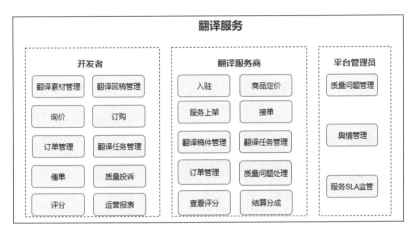

图 9-20　翻译服务一层架构

一层架构明确之后，后续架构的工作重点就集中在领域建模和函数划分上，对于比较简单的业务系统，可以直接按照功能模块拆分函数，但是对于较复杂的业务或大型系统，建议使用领域驱动的方法进行业务建模、子域划分和函数定义。

9.3.2　函数划分策略

在使用云函数时，首先需要按照业务领域对函数进行拆分，大部分传统服务的划分策略和原则对函数是适用的，但是由于函数部署、运行、调度及计费模式的不同，函数的划分仍然存在一定的特殊性。下面结合业务特点，利用领域建模的方法对翻译函数进行划分。

9.3.2.1　划分方法

函数的划分总体上遵循"高内聚、低耦合"的原则，同时结合翻译服务的业务特点，以及团队人员技能等因素综合确定划分方法。

- 按照角色进行划分，每个角色对应 1 个或多个函数。

- 按照业务领域划分,每个限界上下文和业务子域对应 1 个或多个函数。
- 按照性能、可靠性等进行拆分,通常的划分维度包括:批量操作或单个操作,内部使用的运营管理类功能或面向用户的业务功能等。
- 按照功能重要性进行划分,将核心业务和非核心业务分开,保障服务 SLA 和可靠性。

不同的拆分维度有不同的考量,使用 Serverless 平台的云函数服务,函数平台本身就提供了弹性伸缩功能和基于容器的故障隔离功能,因此不需要刻意从性能、可靠性等维度来划分函数,更多的要站在业务领域模型维度进行拆分。

由于 Serverless 技术处于快速发展中,因此当前业界尚未有特别成熟的函数拆分方法论和成功案例,如果团队基于过去的经验进行拆分,很容易导致函数拆分过细或相互耦合的问题,影响架构稳定。在面向对象编程时,对象的识别和抽象非常重要,对于云函数,很多人错把函数与对象中的方法等同,将函数拆分聚焦在功能划分上,这是个常见的误区。函数的识别和拆分首先聚焦在业务领域,识别领域对象,架构师与产品经理等团队角色就领域对象术语达成一致,然后针对核心的业务流程进行梳理,识别角色、事件和对象,建立领域模型,基于领域模型进行函数拆分。

对于很多刚开始工作或刚做前端技术开发的人员,领域建模的方法有很多,例如,用例法、四色建模法、事件风暴等,其涉及的概念也多,例如,限界上下文、业务子域、聚合根、值对象等,其学习成本高,短期内在 Serverless 项目中实践会存在风险,因此,需要结合 Serverless 的特点,简化领域建模流程,让函数的拆分尽量标准化、简单化。

根据翻译服务团队的特点,结合领域驱动的设计思想,创造出一种新的适用于函数拆分的规则和方法,如图 9-21 所示。

业务主流程的梳理是架构师和产品经理就业务范围和功能达成一致的过程。完成业务主流程梳理之后,对主流程进行细分,将其拆分成多个更细的子流程。利用领域驱动设计的事件风暴技术,识别子流程中的"角色""命令""事件"等,划分业务子域,定义领域对象,结合业务子域和领域对象进行函数划分,最后由开发者来输出函数划分表。

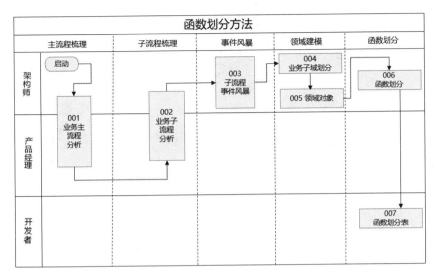

图 9-21 函数划分方法

9.3.2.2 主流程梳理

主流程梳理由产品经理和架构师共同完成，输入的是产品经理的产品设计说明书，具体的讨论形式可以是正式或非正式的，例如，在座位或会议室进行讨论，讨论的形式不重要，输出的格式也不重要，其可以是 UML 格式的流程图，或者是其他形式的流程图，这个过程的关键就是找到业务的主线，明确功能范围。

以翻译服务为例，其主流程梳理策略如下：以角色作为入口，把每个角色对翻译服务的核心诉求通过流程图描述出来，其诉求只聚焦在业务主功能上，忽略分支和细节。

开发者业务主流程如图 9-22 所示。

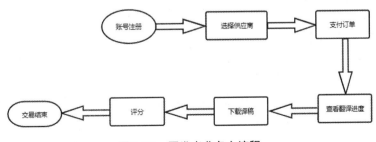

图 9-22 开发者业务主流程

翻译服务商业务主流程如图 9-23 所示。

199

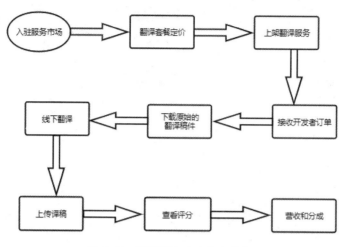

图 9-23　翻译服务商业务主流程

平台管理员业务主流程如图 9-24 所示。

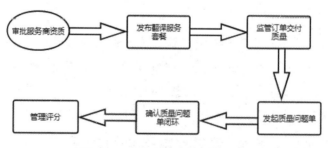

图 9-24　平台管理员业务主流程

通过分析上述三个业务主流程，输出三个业务主流程图，团队在内部讨论时，基于上述流程图就能很容易达成统一的语言和认识，提升沟通效率。

9.3.2.3　子流程梳理

基于主业务流程图，架构师与产品经理一起针对流程中的细节进行讨论，进一步拆分出子流程，例如，开发者下单流程，涉及源语言和目标语言的选择、翻译服务商的选择、翻译稿件上传、价格试算、批量支付等细节，针对这些细节，以流程图的方式把它们固化下来。由于翻译服务涉及的子流程有数十个，限于篇幅，不一一列举，具体可以参考翻译服务的业务特点章节。

9.3.2.4 事件风暴

进行领域建模时，事件风暴是一个比较实用的工具，通常包含产品需求、场景分析等。针对每个场景，通过识别"角色""命令""事件"定义领域对象，指导领域建模。

基于产品需求和场景分析，我们完成了翻译服务的主流程分析和子流程分析，将子流程通过事件风暴进行描述，识别领域对象。

以开发者支付翻译订单流程为例，开发者每执行一个订单支付操作，就触发一个订单已支付事件。订单支付成功后，分别触发翻译任务创建和订单支付消息发送这两个事件。通过事件风暴可以识别领域对象订单、翻译任务、消息等，以及各领域对象之间的聚合关系。订单支付事件风暴如图 9-25 所示。

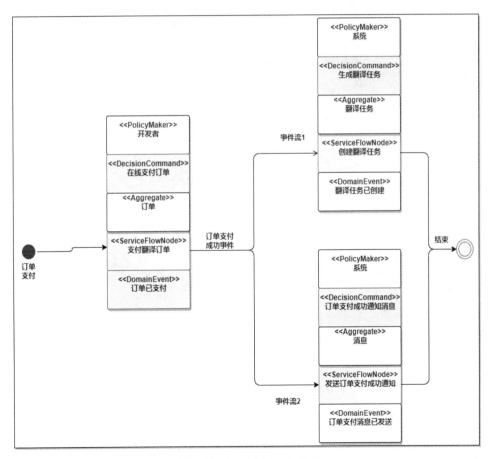

图 9-25　订单支付事件风暴

采用事件风暴的方法，分别对开发者、翻译服务商和平台管理员的业务相关子流程进行梳理，完成翻译服务的领域对象识别，输出对应的事件风暴图，识别各个业务流程中的领域对象。

9.3.2.5 领域建模

通过事件风暴完成领域对象识别之后，分析操作由哪些领域实体发起，同时对领域实体对象进行定义。完成领域实体对象的定义后，将其与一组业务紧密相关的实体进行组合形成聚合关系，最后按照业务功能边界、聚合关系划分业务子域和限界上下文。根据翻译服务团队的特点，完成事件风暴之后，可以对限界上下文、聚合根、值对象等概念进行删减，基于领域模型和业务子流程划分业务域，将领域对象映射到对应的业务域中，函数按照业务域进行划分。翻译服务业务域划分示例如图 9-26 所示。

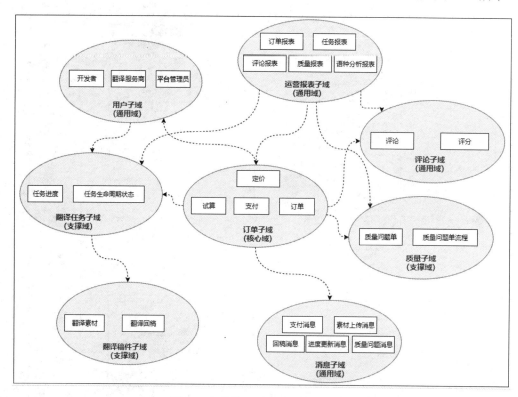

图 9-26　翻译服务业务域划分示例

9.3.2.6 函数划分

按照领域模型和子域划分，对函数进行拆分。每个函数的功能高内聚，在本子域内实现功能闭环，子域之间的函数避免循环调用和依赖。数据和模型是同一份，通过面向不同的角色提供不同的接口、权限和资源数据，来实现各角色共用同一个函数，而不需要再按照角色进行细分，例如，开发者订单管理函数、翻译服务商订单管理函数。翻译服务函数划分如表 9-2 所示。

表 9-2 翻译服务函数划分

业务子域	函数名称	功能说明
用户域	开发者管理函数	开发者账号、基础信息等管理
	服务商管理函数	服务商简介、企业信息、服务描述、资质认证、服务商入驻等
	管理员管理函数	翻译平台管理员账号、基础信息、角色和权限等管理
订单域	订单管理函数	负责开发者、翻译服务商的订单创建、修改和查询操作，以及为订单报表提供数据源
	商品管理函数	用于翻译服务商的翻译服务计费项定价，同时提供询价功能，开发者可以上传翻译素材，选择语种之后自动获取到商家报价
	支付函数	用于提供在线支付功能
翻译任务域	任务进度管理函数	用于管理翻译任务的进度，包括订阅翻译进度更新消息、提供翻译进度查询接口等
	任务状态管理函数	提供翻译任务生命周期管理功能，通过状态机实现状态的管理
翻译稿件域	文件管理函数	提供文件的上传、更新、下载和查询等功能，按照开发者和翻译供应商的订单关系进行权限控制
消息域	事件管理函数	对翻译服务的各种事件进行分类、统一接收、基于规则进行匹配和处理，并进行转发，例如，将事件发送到互动中心
质量域	问题单管理函数	提供问题单创建、修改、删除和查询等功能
	问题单流程管理函数	负责维护问题单的流程状态和责任人的对应关系，例如，问题单处于翻译服务商确认环节，问题单处于开发者确认环节等
评论域	评论管理函数	提供给开发者创建评论、评分，提供给翻译服务商查看和回复评论等功能
运营报表域	开发者报表函数	提供开发者自己的订单、评论、评分等报表，主要用于成本管理
	服务商报表函数	提供开发者订单、翻译任务超期数、评论、评分等报表，用于帮助服务商改善服务质量，辅助运营决策
	管理员报表函数	提供质量问题相关报表

函数划分实际上是团队内部统一认识、业务功能抽象的自然结果。从业务层面看，

架构师需要与产品经理就业务范围和功能达成共识。从技术层面看，架构师需要采用一种技术，将业务功能进行抽象，抽象后再细化，通过函数承载业务功能。

翻译服务采用的是将裁剪之后的领域驱动建模技术与业务流程设计结合起来的函数划分方法，特别适合没有领域建模经验的中小型业务团队，通过对函数划分流程的规范化、标准化，可以提升函数拆分的效率和合理性。

9.3.3 技术架构

完成业务建模和函数划分之后，基于之前的架构选型结果，进行翻译服务的技术架构设计。翻译服务技术平台底座整体上采用 AppGallery Connect Serverless 平台，主要用到了云托管服务、云函数服务、云存储服务、云数据库服务和 BaaS 服务，如图 9-27 所示。

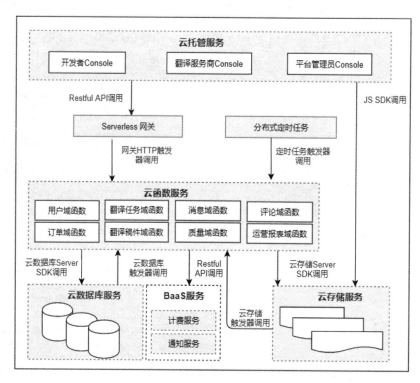

图 9-27　翻译服务领域模型示例

翻译服务的 Web 界面部署在云托管服务中，翻译服务的各业务子域逻辑通过云函数服务实现。云函数的 API 注册到 Serverless 网关（一种 Serverless 化的 API 网关），界面通过标准的 RESTful API 调用就能访问后台的函数。除了通过界面触发函数执行，像任务超时管理等功能也可通过任务触发器来实现，像订单等结构化数据存储在云数据库服务中，稿件、翻译服务商的图标、资料等存储在云存储服务中。除了可以在函数中通过 Server SDK 调用来访问云存储服务，也可以在界面中通过 JS SDK 调用直接访问云存储服务，进行翻译稿件的上传和下载。

整个翻译服务的架构采用 Serverless 技术构建，业务研发团队不再需要关心这些平台服务的运维、性能和容量问题，开发人员可以聚焦业务领域的函数开发，提升研发效率。

9.3.4 关键架构质量属性设计

架构质量属性非常多，翻译服务的关键架构质量属性有三个：性能、可靠性和安全性，下面围绕这三个关键质量属性进行分析和设计。

9.3.4.1 性能设计准则

性能在架构设计中占据非常重要的位置，它是衡量一个架构好坏的重要标准之一，架构的性能设计通常需要从两方面进行考虑。

- 单机性能：指的是软件单个实例的运行性能，通过把数据流经的所有环节性能做到最优，来实现单机的高性能。
- 集群性能：重点关注从单机到集群组网之后，其性能是否可以随着实例的增加呈线性增长。一个设计良好的分布式软件往往具备较高的增长率，反之，如果存在单点瓶颈或热点，则导致性能无法随着实例的增加而增长。即使单节点性能很高，也无法满足业务快速增长之后对性能的要求。

不同的技术架构，其性能要求不同，性能设计策略也存在差异。例如，对于 SpringMVC+MySQL 的单体架构，其性能设计的重点是单点性能足够好，通过引入缓存等机制来提升性能。对于诸如微服务这类的分布式架构，由于其采用了分布式技术，对单点的性能不追求极致，其性能设计重点集中在分布式架构上，以及如何更好地利用分布式技术，提升系统整体的处理性能。

对于 Serverless 技术，用户看不到其底层的资源，一些性能优化策略被内置到 Serverless 服务中，用户在首次使用 Serverless 服务时，如何进行性能设计通常比较迷茫，我们需要明确 Serverless 的性能设计准则，以便指导业务能够更好地进行性能设计。Serverless 性能设计准则如表 9-3 所示。

表 9-3 Serverless 性能设计准则

分 类	准 则	备 注 说 明
Web 域	静态内容加速	利用 CDN 静态内容加速，可以降低用户访问时延
业务域	缓存	云函数提供本地缓存、远程缓存等，提升热点数据的访问效率，在具体实现上可以采用状态内置等技术手段
	异步	云函数提供异步调用接口，允许业务通过异步提升吞吐量和并行处理能力
	弹性伸缩	云函数根据接入流量、当前实例数和配置的扩容和缩容策略自动实现弹性伸缩，向业务屏蔽扩容细节
数据域	存储和计算分离	数据库服务的 SQL 引擎和数据存储节点分离，可以针对计算密集型和存储密集型分别扩容
	数据自动搬迁	当某个租户的数据容量达到上限之后，底层数据库可以自动进行数据搬迁和扩容，搬迁期间业务不中断

以翻译服务为例，来看上述性能设计准则是如何在翻译服务中实现的。在函数运行过程中有些与流程相关的上下文数据需要存储，在传统的微服务架构中，往往会通过本地缓存+分布式缓存服务的方式实现两级缓存，提升业务访问热点数据的性能，如图 9-28 所示。

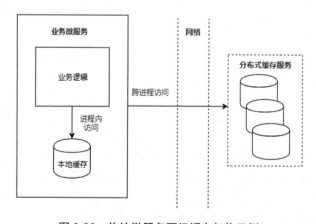

图 9-28 传统微服务两级缓存架构示例

对于高频访问的热点数据，可以就近缓存到业务微服务进程中，利用本地内存作为本地缓存，这样可以避免对象的序列化和反序列化及网络开销。本地缓存也存在一些缺点：应用进程内存有限，缓存管理不善可能会导致频繁的垃圾回收或内存泄露。另外，当数据库发生变化时，数据库中的数据需要同步刷新到本地内存中，如果刷新不及时，会导致本地内存和数据库中的数据不一致，进而引起业务一致性的问题。当前大部分业务都是集群组网，每个应用进程内部都保存一份缓存，这会导致内存浪费。在业务实践中，除了本地缓存，通常会增加一层分布式缓存服务，实现应用和缓存的解耦，以及业务微服务的无状态化。分布式缓存服务的优点是各个微服务可以共享缓存，节省内存资源，缓存的可靠性、容量等由分布式缓存服务自身负责，业务不需要负责缓存的过期清理、刷新等，简化应用开发的同时提升了系统的可靠性。分布式缓存服务最大的缺点就是存在跨进程通信，会带来网络传输、对象序列化和反序列化等性能方面的开销，每次访问相比于本地缓存调用会增加至少几毫秒的时延。

采用云函数开发后台业务逻辑时，与采用传统应用最大的差异就是函数会按需创建、执行和释放。在通常情况下，函数执行结束就会释放相关资源，导致无法使用进程内的本地内存进行数据预热和访问加速。大部分云函数采用了状态数据外置方案，即云函数+分布式缓存服务，它需要打通业务租户网络和租户购买的分布式缓存服务VPC之间的网络，跨VPC的网络访问会涉及安全访问控制等，带来一定的复杂性和网络传输的性能损耗，方案示例如图9-29所示。

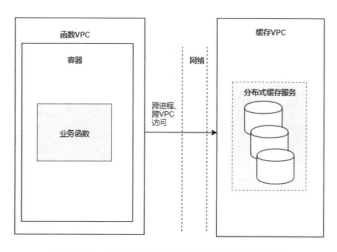

图9-29 传统的云函数+分布式缓存方案示例

AppGallery Connect 的云函数规划了内置高速缓存服务弹性，通过内置高速缓存服务优化了传统云函数的缓存方案，通过在距离函数最近的位置提供本地缓存，解决了跨 VPC 调度的网络开销、安全和可靠性问题，简化云函数组网方案的同时，提升了云函数的缓存访问性能，优化后的方案如图 9-30 所示。

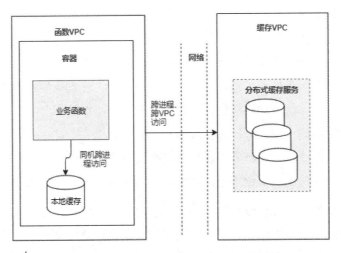

图 9-30　优化后的云函数二级缓存方案示例

合理利用缓存技术可以提升数据的读取效率，采用异步调用可以提升系统的整体并发处理效率，AppGallery Connect 的云函数同时提供了同步调用和异步调用模式，用户可以按需选择。对于翻译服务，统一采用异步编程接口。虽然同步编程接口调用编程比较简单，串行化编程比较容易理解，但是其缺点也比较明显。

- 业务线程利用率低：线程资源是系统中比较重要的资源，在一个进程中，线程总数是有限制的。提升线程的使用率，就能够有效提升系统的吞吐量。在同步服务调用中，如果服务端没有返回响应，客户端业务线程就会一直阻塞（Wait），在等待期间，无法处理其他业务消息。
- 纠结的超时时间：服务的超时时间配置是个比较纠结的事情，如果超时时间配置过大，响应慢，则会导致线程被长时间挂住；如果超时时间配置过小，则会导致超时增多，客户端接口调用成功率降低。更困难的是，服务端的响应时间不是一成不变的，随着客户端流量的增加、接入实例的增加、后端数据库和缓存的性能波动等，都会影响超时时间，这些是很难预测的，也会导致超时时间精确配置比较困难。一旦配置不当，就可能导致严重的问题。

- 雪崩效应：如果超时时间配置较大（如 3s），服务端响应的平均时延达到了超时时间阈值，则会导致业务线程长时间处于阻塞状态，工作效率降低，业务堆积，发生级联的雪崩效应，如图 9-31 所示。

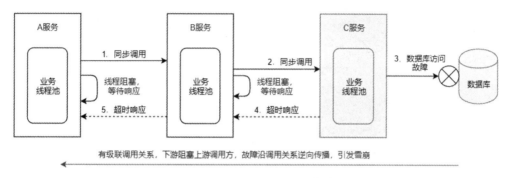

图 9-31　同步调用导致的雪崩效应

可以通过异步调用来解决同步调用导致的阻塞和资源使用率低的问题，异步调用会在一定程度上增加编码和问题定位的复杂性，因此推荐在适用的场景下使用异步调用。

场景 1：降低长流程/复杂业务流程时延，客户端需要调用多个服务，进行业务逻辑编排，多个服务之间没有执行先后顺序和参数依赖，可以并行执行。同步串行服务调用，则耗时 T＝T（消费次数限制鉴权）＋T（分省暂停鉴权）＋T（下载记录鉴权）。异步并行服务调用，则耗时 T＝Max(T（消费次数限制鉴权），T（分省暂停鉴权），T（下载记录鉴权））。购买道具流程示例如图 9-32 所示。

场景 2：性能提升，使用更少的线程处理更多的消息，减少线程的等待时间。特别适用于一些时延敏感型业务，举例如下。

翻译要求支付服务时延小于 100ms，支付服务平均时延为 50ms；但是因为缓存延迟、内部垃圾回收停顿、一些算法耗时较大的消息等会有一部分消息时延大于 100ms。如果采用同步调用的方式，把超时时间设置为 100ms，则会导致链路超时关闭，重建链路期间会增加失败率，加重服务端负载；如果超时时间设置过大，例如设置为 300ms，则客户端可能会被阻塞 300ms，导致后续其他业务被阻塞。此类业务采用传统同步调用＋超时保护的方式，其效果不是很好。如果采用异步调用的方式，则超时时间可以适度设置大一些。

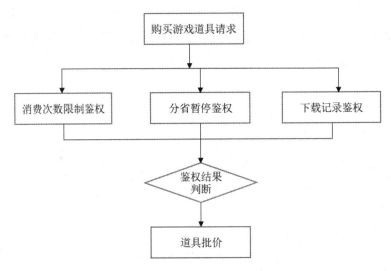

图 9-32　购买道具流程示例

场景 3：业务上对服务调用时延不敏感，例如 1~3s，如果采用同步调用+大超时时间的方式，在业务高峰期，时延达到超时阈值，则系统很容易被压挂，例如，单个线程 3s 完成一次服务调用。如果采用异步调用的方式，则可以按照业务实际要求设置超时时间，不用担心线程资源被挂住。

场景 4：如果需要调用多个服务，希望提升可靠性，不会因为某个服务处理慢而导致其他服务调用及后续其他业务消息被阻塞，则可以考虑使用异步服务调用的方式。

基于 AppGallery Connect 云函数的异步编程模型，可以实现异步接口调用，调用函数后，线程不会阻塞。继续执行后续逻辑，当收到响应结果时，会异步执行 Callback 方法，获取响应结果，原理如图 9-33 所示。

除了云函数的优化，翻译网站的性能优化对开发者体验影响也很大，翻译网站部署在云托管服务中，云托管服务为网站静态内容提供了 CDN 加速能力，通过遍布全球的优质 CDN 服务，就近分发处理，提升用户的访问体验。翻译网站部署示意图如图 9-34 所示。

9 翻译服务的 Serverless 架构设计

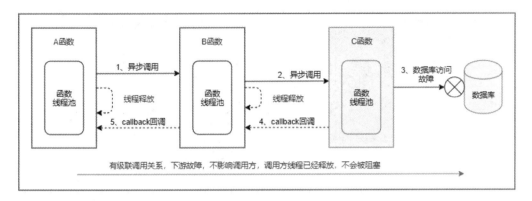

图 9-33 云函数异步调用原理

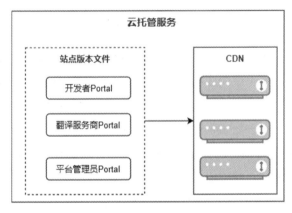

图 9-34 翻译网站部署示意图

通过缓存、异步等技术可以将单点的性能优化到极致，但是系统仍然存在一些不确定的性能风险。以翻译服务为例，举行大促或营销活动时，在特定的时间段会有流量高峰，晚上非办公时间使用的用户非常少，可以释放业务大部分实例以节省资源。针对这些场景，需要系统具备自动化的流量感知和自动扩容和缩容机制，而不是靠运维人员通过人工操作处理流量的变化。

翻译服务的弹性伸缩包含两部分：业务逻辑执行单元的弹性伸缩及数据层的弹性伸缩，其中，业务逻辑执行单元主要就是云函数，数据层主要就是云存储和云数据服务。云函数可以根据用户配置的弹性规则自动化地进行弹性伸缩，当前支持的规则主要包括：基于资源使用率的规则和基于函数调用时延的规则。云函数自动扩容示意图如图 9-35 所示。

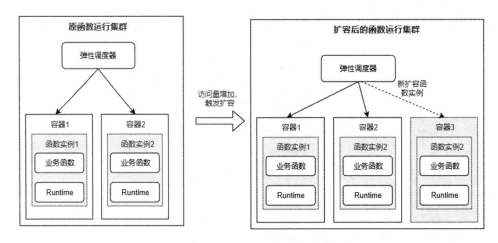

图 9-35　云函数自动扩容示意图

数据存储层的自动扩容难度比较大，比较通用的方式是采用分库分表的方案进行扩容。业务评估未来 1～3 年的数据存储量，如果单库单表性能无法满足要求，则按照用户 ID 或其他字段做分库分表键，将原来的一个库拆分成多个库，通过分库分表可以解决单库单表的数据容量问题，同时可以将热点数据打散到多个库/表中，降低热点数据的访问瓶颈，提升性能。比较常用的分库分表技术是业务指定的分库分表键+分布式数据库中间件+ MySQL 数据库，如图 9-36 所示。

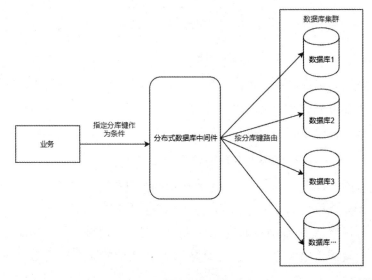

图 9-36　传统分库分表方案

虽然传统的分库分表方案可以在一定程度上解决海量数据存储容量的问题，但是其仍然存在容量管理难的问题：在业务发展初期，如果按照目标的容量规模进行分库，各个库的数据量较少，导致资源浪费；如果分库数量过少，当数据量超过原有分库的数据容量上限时，需要业务新增分库，数据需要进行二次分布或搬迁，底层数据分布的变化会影响上层业务代码，稍有不慎就会导致业务中断。

与传统数据库不同，AppGallery Connect 的云数据底层引擎采用了分布式数据库技术，通过集群分裂、存储和计算分离等技术，实现了数据库的自动扩容。在扩容期间，业务可以正常读取数据。云数据库弹性扩容架构如图 9-37 所示。

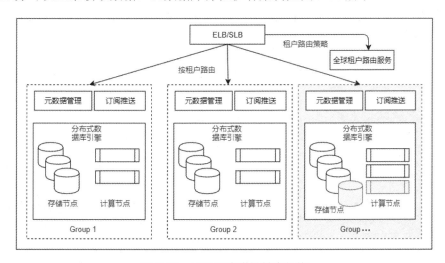

图 9-37　云数据库弹性扩容架构

云数据库的扩容主要有以下两种业务场景。

- 多租户扩容：当云数据库的租户比较少时，一个数据库分组可以支撑多个租户共用，以提升资源的使用率；当租户数增长到比较大的规模时，例如租户数增长到 1 万个，单个分组已经无法支撑所有租户，此时分组会发生分裂，按照指定的规则将新增的租户路由到新的分组中，通过分组的不断裂变，支撑更多的租户接入。

- 单租户扩容：分组内的某个租户数据量越来越大，当超过分组原始的存储和计算能力之后，例如，分布式数据库引擎的存储和计算分离特性，可以按需扩容存储或计算节点，以满足租户数据量的增长。

由于云数据库具备上述特点，业务在开发时只需要定义好用于分片的字段即可，后续数据扩容完全由云数据库自动完成，业务不需要自己进行数据搬迁，也不需要人工扩容新的数据库实例等，简化了业务开发难度，提升了运维效率。

得益于 Serverless 架构的技术先进性，即使像翻译服务这样以纯前端开发为主的业务团队也能轻松构建出高性能、可扩展的系统，让业务更加聚焦于业务本身。

9.3.4.2 可靠性设计准则

对于 Serverless 平台，用户不需要关心基础设施的可靠性，基于 Serverless 技术构建的业务，可靠性设计主要集中在业务域的可靠性和数据域的可靠性，Serverless 可靠性设计准则如表 9-4 所示。

表 9-4 Serverless 可靠性设计准则

分 类	准 则	备 注 说 明
业务域	多活机制	Serverless 相关服务要支持多活部署，防止单个机房发生故障引起业务中断
	实例级故障自动转移	当云函数等服务实例的运行容器或宿主机发生故障时，自动将函数实例迁移到新的节点并接收故障实例的流量，业务对单点故障不需要感知
	流控机制	API 网关、云函数等服务需要支持多维度的流控，例如，租户级流控、API 接口级流控、客户端 IP 地址流控等
数据域	数据主备机制	数据支持一主多副本备份机制，防止数据丢失
	异地容灾	数据服务支持异地容灾，可以实现数据库实例级或数据级

翻译服务的可靠性主要涉及业务域的可靠性和数据域的可靠性，业务域的可靠性主要依托云函数服务自身的可靠性来保障。

- 双云双活，ELB/SLB 自动切换流量。
- 函数平台基于微服务构建，微服务无状态，可随意启停替换，不影响业务函数实例对外服务。
- 业务函数实例故障，函数平台负责自动重启实例。
- 函数间容器隔离，故障互不影响。
- 心跳检测机制，基于健康检查结果，请求只分发健康的实例。

数据域的可靠性主要依赖云数据的可靠性，云数据平台本身双云双活，某个机房宕机之后可以自动将流量切换到另一个机房，恢复之后流量自动回切。存储节点的数据采用一主多副本的方式，主节点数据损坏，可以从副本数据重新恢复。应用层面向用户提供了数据备份恢复功能，用户可以根据需求配置数据备份策略，提升业务数据的可靠性。

9.3.4.3 安全性设计准则

Serverless 相关的安全主要涉及云函数、云数据库和云存储，其主要的安全性设计准则如表 9-5 所示。

表 9-5 Serverless 安全性设计准则

分 类	准 则	备 注 说 明
业务域	组网安全	租户面和管理面网络隔离，防止由租户侧网络渗透攻击管理面网络，导致其他租户不可用
	租户隔离	不同租户间的数据访问、权限等进行隔离，防止跨租户的网络攻击和越权访问
	凭据安全	分别管理不同租户间的凭据，支持凭据失效和刷新机制
	Web 安全	需要接入 WAF、人机流量识别等组件，防止 Web 流量攻击
数据域	数据加密	云数据库支持端侧、云侧数据加密存储，防止敏感数据被破解和泄漏
	数据权限安全	云存储服务需要支持文件的 Role-Based Access Control（RBAC） 云数据库服务支持 Role-Based Access Control（RBAC）

翻译服务涉及的云函数、云数据库和云存储文件的安全由 Serverless 平台提供，业务在开发时遵循相关安全策略即可实现架构层的安全。

云函数通过租户间组网隔离、容器资源隔离等保障租户函数的运行实例和相关数据的安全。云数据库的提供非常安全，开发者不需要考虑后端分布式系统的安全性问题，它提供的主要安全能力包括以下几个方面。

- 接入安全：App、用户和服务三重认证；基于角色的权限管理；不同的租户使用不同的 Database，保证数据隔离。
- 数据安全：云端数据存储自动加密；端云全密态数据管理。
- 攻击检测与系统韧性：防 SQL 注入；过载检测与流量控制；系统审计。

云存储服务提供了基于安全规则的授权体系来保障存储文件的安全，安全规则以简单明了的格式允许通过授权的方式控制用户对特定路径下数据的访问方式。通过身份验证的用户，需要获得对指定资源的授权，才能实现对云存储中特定路径下文件的访问和操作。安全规则主要用于确定哪些用户对云存储中存储的文件拥有控制权。其中，安全规则中的 Match 规则，用于识别存储实例下的文件路径。安全规则中的 Allow 规则，用于在满足指定的条件下，用户拥有对该文件路径的 Read 和 Write 权限。系统会根据用户设置的安全规则，对客户端发出的每个请求进行评估，然后才决定是否允许其读取或写入任何数据，示例如下。

```
// 安全规则声明
agc.cloud.storage[
   // 匹配 images 路径下的特定文件
   match: /{bucket}/images/image.jpg{
      allow read, write: if true;
   }
   // 匹配 images 路径下的任意文件
   match: /{bucket}/images/{image} {
      allow read, write: if true;
   }
]
```

除了 Serverless 平台各服务提供面向租户层的通用安全保障能力，Serverless 平台自身的安全和隐私合规性也非常重要，AppGallery Connect 的云函数等十几个服务已成功取得 SOC[①]1 Type 2、SOC 2 Type 1、SOC 2 Type 2 和 SOC 3 审计，同时还通过了 ISO 27001、ISO 27018、ISO 27701 等认证，表明 AppGallery Connect 的网络安全和隐私保护水准达到世界一流，可以为开发者提供全面的安全隐私保障及服务。

---

① SOC 审计报告，即 Report on System and Organization Controls，是美国注册会计师协会（AICPA）制定的、针对服务商内部控制情况进行审计而出具的第三方独立审计报告，是全球公认的安全隐私审计标准。

翻译服务实战开发

第 9 章明确了翻译服务的 Serverless 技术选型和全栈架构设计，搭配使用了包括云托管服务支持 Portal 网站、云函数处理后台逻辑、云数据库管理订单等数据，以及云存储服务保存翻译稿件。据此，本章将进一步展开翻译服务的具体开发流程。本章的内容包括如何基于 Serverless 进行功能开发，总结 Serverless 开发模式相比于传统开发模式的差异与收益，从业务视角提出对 Serverless 的更高阶需求，以及未来 Serverless 技术的演进趋势。

10.1 基于 Serverless 技术的翻译服务开发

10.1.1 翻译服务网站托管

翻译服务 Portal 网站采用 JavaScript + HTML 开发，前端只负责数据的组装和展示，不负责业务逻辑处理，通过云托管服务可以非常方便地部署翻译网站并进行全球加速。

10.1.1.1 云托管服务使用流程

云托管服务使用的主流程包括:翻译 Portal 网站开发、在 AppGallery Connect 官网管理控制台开通云托管服务、选择站点、部署版本,最后测试访问翻译服务网站,如图 10-1 所示。

图 10-1 云托管服务使用流程

云托管服务提供了 Portal 管理台、RESTful API 和命令行工具三种部署方式,可以方便开发者部署和升级 Web 网站。云托管内部采用多租户的架构来隔离不同开发者的网站,保障资源隔离和数据安全,如图 10-2 所示。

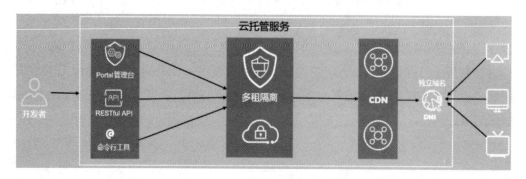

图 10-2 云托管服务功能示例

10.1.1.2 翻译网页开发

翻译网页的开发与传统 Web 工程的开发相同,唯一的差异就是打包格式不同,云托管服务对网页文件的要求如下。

- 文件类型:网页浏览器支持的文件类型。
- 访问入口:托管包根目录下包含的 index.html 文件作为默认站点首页。
- 打包格式:托管包必须打包成.zip 文件,打包示例如图 10-3 所示。

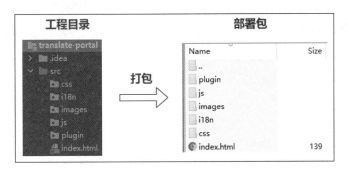

图 10-3　翻译 Portal 开发工程目录和部署包示例

10.1.1.3　服务开通和站点创建

在"我的项目"界面，选择翻译服务项目，为翻译开通云托管服务，如图 10-4 所示。

图 10-4　为翻译开通云托管服务

云托管服务开通之后，需要为网站创建站点，当前每个项目最多可以创建 36 个站点，当数据存储位置为中国时，用户需要自定义域名，如 fanyi.huawei.com；如果网站服务于海外用户，则用户不需要自定义域名。云托管会为各个域名预配 SSL 证书，并通过 CDN 向用户提供内容。

以中国站点为例，为项目创建站点时，需要输入自定义域名并验证所有权，验证成功之后会生成待配置的 TXT 记录，如图 10-5 所示。

将生成的 TXT 记录配置在域名供应商对应的 DNS 管理控制台中，除了 TXT 记录，还可以指定线路类型、TTL 时间和权重等参数。配置完成之后，回到云托管服务的自定义域名界面，校验域名是否正确配置 TXT 记录。校验通过之后，在域名供应商的 DNS 管理台为域名添加 CNAME 记录，配置成功之后激活域名，系统会自动为该域名配置 CDN 加速和 SSL 证书，如图 10-6 所示。

图 10-5　翻译服务中国站点配置域名示例

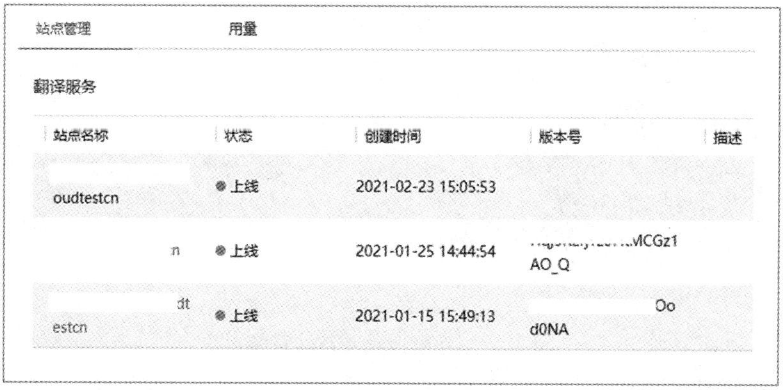

图 10-6　激活的翻译服务站点记录列表

10.1.1.4　翻译网站托管版本管理

传统的软件开发，通常采用语义化版本号的方式对版本进行管理，它的格式为：主版本号.次版本号.修订号，如 AppGallery Connect 10.0.0 版本。

- 主版本号：不兼容的 API 修改或重大功能变更，需要变更主版本号。
- 次版本号：向下兼容的功能特性新增。
- 修订号：问题修改或补丁版本。

翻译网站的版本变更较为频繁，采用语义化版本管理成本较高，利用托管服务的自动版本管理机制，业务不需要显式管理版本，可以通过云托管服务的管理控制台来创建托管网站版本，上传本地网站 zip 包之后，系统会自动生成版本号，创建版本如图 10-7 所示。

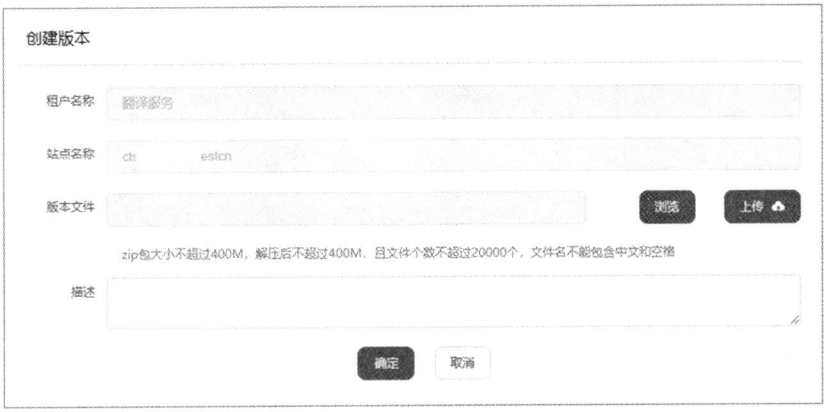

图 10-7　创建托管网站版本

创建版本成功之后，新版本会自动上线，如果已存在新上线的版本，新版本上线时会自动下线老版本。如果新版本上线出现问题，则可以选择某个版本进行回滚。翻译网站多版本管理如图 10-8 所示。

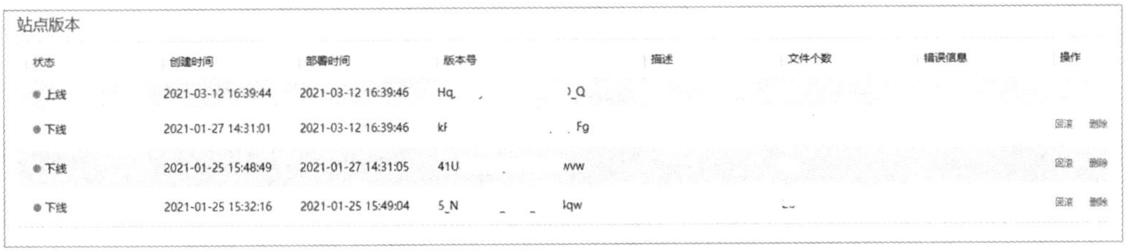

图 10-8　翻译网站多版本管理

云存储服务可以免费使用，当超过系统赠送的免费配额之后，会按照实际使用量进行扣费，通过云存储服务提供的性能指标界面可以查看最近一段时间使用的存储容量和公网的下载量，界面如图 10-9 所示。

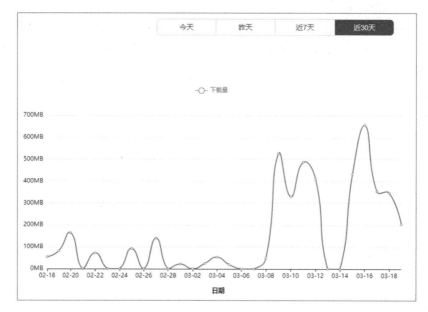

图 10-9　翻译网站用量管理界面

翻译服务 Portal 在技术实现上有以下两种策略。

- 大前台策略：函数提供的都是原子层 API，例如，订单的增删改查由前台负责胶水层的代码编写，即前台调用多个后台的原子 API，完成业务逻辑编排及领域层模型的转换和显示，如图 10-10 所示。

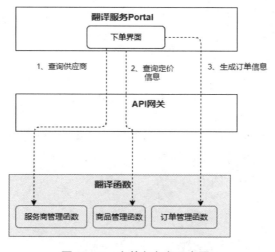

图 10-10　大前台方案示意图

- 小前台策略：Portal 界面只负责展示界面样式和数据，不负责处理业务逻辑。界面需要的大颗粒领域层 API 由后台提供，例如，通过 API 网关/胶水层函数提供领域 API 和数据模型，如图 10-11 所示。

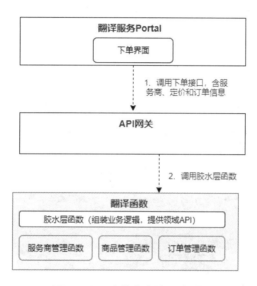

图 10-11　小前台方案示意图

在传统架构中，由于后端服务器的开发、调测、部署、升级和运维成本相比于前端 Portal 的都比较高，因此倾向于在前端组装业务逻辑，承担胶水层的职责。在前端编排业务逻辑也存在一些缺点。

- 前后端耦合性高：界面通过网关直接调用后端函数的原子接口，相当于直接将函数接口开放给了 Portal，未来函数发生接口重构、模型变更、二次拆分等调整时，界面需要进行级联修改和升级，这种强耦合性会导致功能变更成本高。
- 性能问题：翻译网站前端 JavaScript 由用户浏览器加载，用户遍布全球，如果界面存在大量的逻辑编排及与后端的跨域接口调用，会导致 CDN 的内容加速效果不明显，在一些网络不好的地区，其翻译界面加载较慢，影响用户体验。
- 前后端协同成本高：前端人员不仅需要了解每个需要调用的后端函数原子接口的数据模型和接口定义，还要时刻关注后台函数接口的变化，降低了前端开发的效率。

翻译服务 Portal 采用小前台策略，充分利用了云托管服务提供的静态内容加速、域名和证书自动管理等特性，极大地提升了翻译网站的上线效率，降低了运维成本。另外，由于胶水层代码基于云函数构建，利用云函数的极简部署和弹性伸缩能力，可以快速应对业务需求变化，克服了传统架构后端部署和升级效率低、灵活性差的问题。

10.1.2 基于云函数开发后台逻辑

在前面章节完成了翻译服务的函数拆分，下面进入翻译服务的函数开发流程。函数开发主要涉及创建函数、上传函数代码、创建函数版本、函数调测和发布上线等步骤，流程示例如图 10-12 所示。

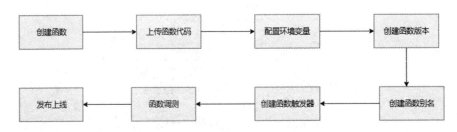

图 10-12　函数开发主要流程示例

10.1.2.1　创建云函数

云函数当前支持的函数开发语言为 Node.js、Java、Python，对应语言的版本如表 10-1 所示。

表 10-1　云函数支持语言列表

开 发 语 言	版 本 信 息
Node.js	v10.15.2
Java	v1.8
Python	v3

可以按照团队特点选择适合业务本身的语言，由于翻译服务开发人员的技能以 Node.js 为主，因此选择 Node.js 进行函数开发。

云函数服务提供了两种开发模式，即在线开发和在线传包的离线开发模式，以及通过 Web IDE 工具进行在线开发，如图 10-13 所示。

图 10-13 函数开发模式

对于初学者，或者在项目开发初期，可以通过在线编辑的方式开发一些简单的体验函数，用于熟悉云函数的功能。Web IDE 工具包含两部分：工程目录树和代码编辑区，其中工程目录树支持新增文件夹或代码文件、删除文件夹或代码文件、对文件夹或文件重命名，如图 10-14 所示。

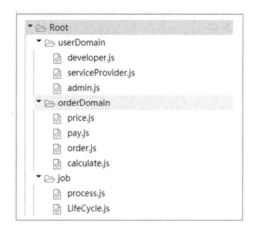

图 10-14 翻译函数在线工程目录树示意图

编辑器支持语法高亮显示、语法校验、代码自动提示和填充，通过 Ctrl+Shift+B 组合键进行代码格式化及常用的"复制""粘贴"等快捷键，提升在线开发效率，编写函数代码如图 10-15 所示。

图 10-15 通过在线 IDE 编写函数代码

当函数创建完成后，在函数详情界面单击"测试"按钮可对函数进行测试，如图 10-16 所示，在测试界面执行如下操作即可完成测试配置。

- 选择函数别名或版本。
- 定义 JSON 格式的事件内容。

图 10-16 在线测试云函数

10.1.2.2　管理云函数

云函数的管理包括函数基本信息管理、函数环境变量管理和函数版本管理。函数基本信息主要包括以下内容。

- 函数名称和描述。
- 函数资源配置：包括设定函数运行容器的 CPU、内存信息。
- CPU：函数容器所有 CPU 大小，CPU 的单位为千分。
- 内存：函数容器所占的内存大小，内存的单位为 MB。
- 函数运行代码：包括函数运行环境选择、代码输入类型和函数入口配置。
- 函数入口：包括入口文件相对的根目录路径和入口函数的名称。

除了基本信息的配置，云函数还提供环境变量的功能，使用环境变量进行以下设置：安装文件的目录、存储输出的位置、存储连接和日志记录设置等。这些设置与应用程序逻辑解耦，在需要变更设置时，无须更新函数代码。在函数详情页面以 key-value 形式配置环境变量，如图 10-17 所示。

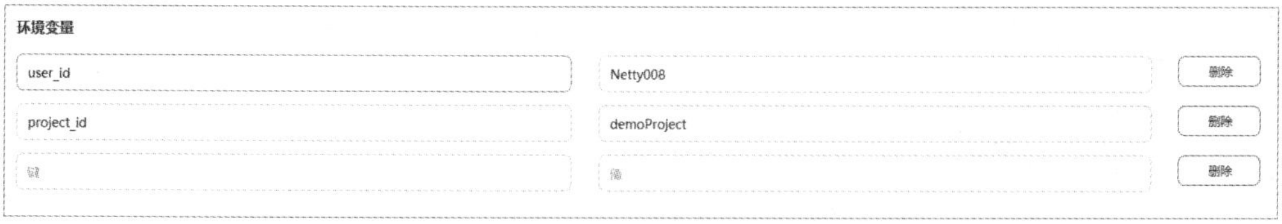

图 10-17　函数环境变量管理

在代码中，可以通过函数上下文获取环境变量信息，其格式为：context.env.key。

```
let myHandler = function(event, context, callback, logger) {
    logger.info("param:"+JSON.stringify(event)); // 打印参数
    let request=event.request; // 获取参数 request
    let host=context.env.host; // 获取环境变量 host
    let result = {
        "code":0,
        "message":"success"
    }
    callback(result); // 返回，结束函数
};
module.exports.myHandler = myHandler;
```

云函数支持对函数进行版本管理，在函数详情页面中，可以查看函数的版本列表与版本的描述信息等。版本相当于函数的快照，函数代码及函数配置不包括触发器。发布版本时，生成函数快照，并自动分配一个版本号与其关联，以供后续使用。版本发布后不能更改，且版本号单调递增，不会被重复使用。

首次创建函数，其版本默认为$latest。开发者只能基于$latest 版本修改并发布版本，发布版本不支持修改，只支持查看。发布后展示的版本号从 1 开始递增。例如，首次创建的版本为$latest，将$latest 版本发布为版本 1。一段时间后需要为函数增加新的功能，可以在$latest 版本中修改，并将修改后的版本发布为版本 2。开发者可以调用版本 1 和版本 2 的函数实现不同的功能。利用函数的多版本管理功能，可以非常方便地实现函数的滚动升级。函数多版本管理示例如图 10-18 所示。

图 10-18　函数多版本管理示例

10.1.2.3　函数灰度升级策略

不同的技术架构，其灰度升级方案也不同，在传统的单体架构中，它的组网通常是 ELB/SLB + Tomcat + SpringMVC + MySQL，该架构的特点是流量都是南北向的，不同模块之间没有东西向的流量交互，它的升级策略通常采用滚动升级或灰度升级，以灰度升级为例，操作步骤如下。

（1）将生产环境隔离为两个独立的物理集群，一个作为灰度环境集群（简称灰度环境），另一个作为生产环境集群（简称生产环境）。生产环境和灰度环境之间的业务不互通，底层共享一套数据库，或者采用业务双写、数据双向同步方式实现数据层的互通。

（2）新版本升级时，通过 ELB/SLB 的负载均衡策略调整，将流量全部导入生产环境中，灰度环境没有流量接入，业务完成灰度环境的版本升级和测试用例验证。

（3）在 ELB/SLB 上配置灰度规则，可以基于用户 ID、用户注册地等策略进行灰度设置，将流量染色，用于区分成为灰度流量和生产流量，分别将其调度到灰度环境和生产环境。

（4）验证一段时间灰度之后，如果发现版本功能没有问题，则分批升级生产环境的机器，需要升级的机器从 ELB/SLB 转发表中删除，等升级完成之后再加入。通过分批离线升级的方式，完成整个生产环境的版本替换。

（5）当生产环境全部升级完成之后，可以修改 ELB/SLB 的灰度路由策略，将流量全部切换到生产环境，也可以在灰度环境留一小部分用户，保持灰度环境持续在线。

单体架构灰度升级示意图如图 10-19 所示。

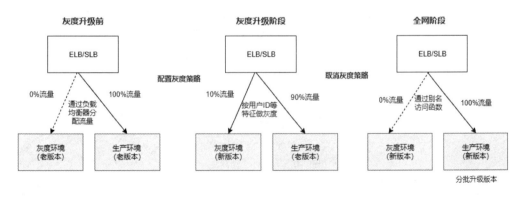

图 10-19 单体架构灰度升级示意图

到了微服务时代，业务系统拆分更细，一个业务流程存在大量微服务之间的调用，既有通过 ELB/SLB 接入的北向流量，又有微服务之间调用的东西向流量，微服务的灰度升级策略相比于传统的单体架构灰度升级策略更复杂一些。业务既要考虑通过负载均衡器接入的灰度策略，同时又需要处理微服务之间的灰度策略。不同的微服务框架，其灰度策略也不同，有些可以内置到框架中，有些可以通过路由策略扩展的方式开放给业务自己进行定制。以某微服务框架为例，它的灰度方案如下。

（1）每个微服务都有一个版本号，一个微服务集群中可以同时运行某个微服务的多个版本，即允许多版本同时在线，这就可以在一个微服务集群中采用滚动升级的方式实现版本在线升级。

（2）通过服务治理 Portal 配置灰度规则，将满足规则的消息路由到指定的微服务版本，即微服务调用方在路由的时候，需要感知到服务端的版本信息。创建新规则如图 10-20 所示。

图 10-20　创建新规则

（3）当新升级的灰度版本经过充分验证之后，可以继续扩大新版本微服务的升级范围，直到把生产环境的所有微服务都升级到最新版本。在升级过程中，可以配套修改灰度规则，如图 10-21 所示。

（4）所有老版本微服务实例下线之后，删除灰度规则，完成微服务的灰度升级，如图 10-22 所示。

图 10-21　滚动升级期间修改灰度规则

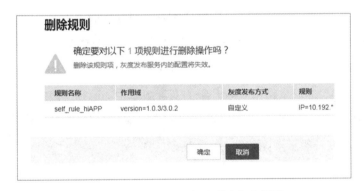

图 10-22　完成升级之后删除灰度规则

AppGalley Connect 的云函数提供了 Android SDK、JS SDK、Server SDK 等不同形态的客户端，如果需要客户端感知函数的版本号变化并配置路由规则，其成本会比较高。鉴于此，云函数提供了别名机制，利用别名可以方便实现函数的灰度升级。别名可以理解为指向特定函数版本的指针，是函数的一种资源。使用别名访问函数时，将别名解析为其指向的版本，调用方无须了解别名指向的具体版本。

通过云函数的控制台，可以为函数创建一个或多个别名，从而可以实现调用方无感知地升级和回滚函数版本，创建新别名如图 10-23 所示。

图 10-23　为翻译函数创建别名

翻译服务通过别名机制来实现灰度发布，具体流程如下。

（1）为生产环境运行的函数版本创建别名，别名对应的版本为生产环境运行的版本。流量权重为 100%，即所有请求都路由到别名对应的版本上。

（2）函数版本升级时，通过发布新版本的方式将新版本函数部署到生产环境中。

（3）对函数别名进行修改，为新上线的灰度版本分配流量，例如，流量权重为 1% 的云函数自动将 1% 的流量路由到新升级的灰度版本中。运行一段时间如果没有问题，则可以继续增加权重，分配更多的流量，直到所有流量都路由到新版本中。

翻译函数灰度升级示意图如图 10-24 所示。

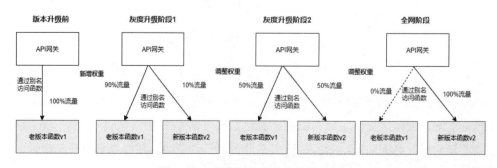

图 10-24　翻译函数灰度升级示意图

翻译服务除了使用别名进行业务函数的灰度升级，同时在前端也使用了 SLB 的灰度策略，针对特定的用户 ID 进行灰度设置，将两种灰度策略组合起来，可以实现更复杂和灵活的灰度策略。

10.1.2.4 基于函数触发器的事件驱动编程

传统的单体/微服务架构以串行 API 调用为主进行编码，串行 API 调用的优点是代码逻辑清晰简单，开发和维护成本低，但是其缺点也比较明显，就是业务耦合性比较强，特别是跨模块/系统之间的耦合，当有新功能需求时，往往通过修改已有的代码分支来支持。以翻译服务为例，当开发者支付订单成功之后，需要调用任务 API 创建翻译任务，需要调用互动中心 API 向对应的服务商发送订单信息，如果后续新增功能，需要向开发者发送订单支付邮件通知、向管理员发送交易提醒等，就要对原有的代码分支进行修改，这违反了开放—封闭原则，如果有新的需求，应该通过新增而不是修改已有的业务流程和代码来满足相应的需求。对已有的代码和流程的修改还涉及回归测试，这会增加测试工作量。传统串行 API 编程示意图如图 10-25 所示。

图 10-25　传统串行 API 编程示意图

为了解决模块之间的耦合，业务通常会使用消息队列 DMQ，通过订阅发布实现业务解耦和异步化。仍然以开发者支付订单成功为例，如果采用 DMQ 通知机制，当订单创建成功之后，通过 DMQ 发送订单支付成功消息；当其他与订单支付联动的业务订阅该 DMQ 消息时，只需要增加订阅者和相关逻辑即可，不需要修改与订单支付相关的业务流程代码，通过新增的方式实现开发新功能。基于 DMQ 进行业务流程和模块间解耦如图 10-26 所示。

采用消费队列 DMQ 方案也存在一些问题，调用 DMQ 发送消息本身就侵入业务代码中，它的本质是一种订阅发布机制，DMQ 方案需要集成 SDK、调用相关的 API 发布或订阅消息，这个本身也是一种耦合。

从翻译服务的特点看，存在大量事件驱动的流程协同，事件的触发来源主要是数据源，数据源主要分为两大类：云数据库和云存储。云数据库负责关系型数据变化的事件触发，云存储负责翻译稿件变化的事件触发。例如，当订单列表中的订单状态变成支付成功之后，由云数据库触发函数执行，在函数中完成相关逻辑的处理，开发者支付订单相关的函数不需要处理订单支付成功之后的易变业务逻辑，即事件源由 API 编程触发变成由相关的 Serverless 服务数据源变更触发，利用云函数的各种触发器，可以非常方便地实现由 API 串行编程到基于事件驱动的异步编程。

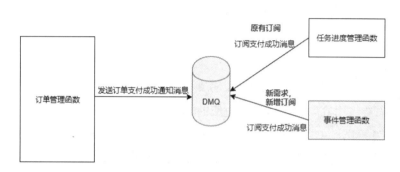

图 10-26　基于 DMQ 进行业务流程和模块间解耦

云函数平台提供了丰富的函数调用触发器，开发者可以根据自己的业务场景为函数绑定对应的触发器，通过触发器可以将不同函数的代码逻辑串联起来。一个函数支持创建多条触发器。目前云函数支持的触发器主要有 6 种，如表 10-2 所示。

表 10-2　云函数支持的触发器列表

触发器	使用场景
HTTP 触发器	通过创建 HTTP 触发器响应 HTTP 请求触发函数
云数据库触发器	在云数据库发生创建、新增或删除等变更操作时触发函数
身份认证触发器	认证触发器，在用户执行注册、销户、登录、退出动作时触发
远程配置触发器	通过创建远程配置触发器在更新事件发生时获取最新的远程配置信息
云存储触发器	通过创建云存储触发器来响应 AGC 云存储服务中文件或文件夹上传或删除的操作
定时任务触发器	在指定的时间点触发函数

翻译函数主要用到了云数据库触发器、HTTP 触发器、云存储触发器和定时任务触发器，以云数据库触发器为例，它的使用步骤如下。

（1）在函数列表中单击函数名称进入函数详情页面。如果单击的是函数别名，则进入函数别名配置页面。

（2）单击"配置"选项卡下的"添加触发器"按钮，选择云数据库触发器，为函数添加云数据库触发器如图 10-27 所示。

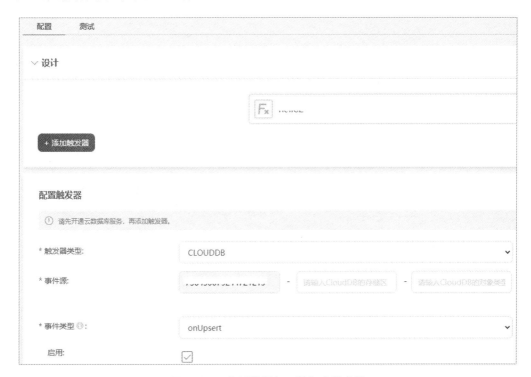

图 10-27　为函数添加云数据库触发器

（3）在"配置触发器"界面配置"触发器类型""事件源""事件类型"，并选择"启用"复选框。事件源的格式为：项目 ID-数据库名称-表名，其中，项目 ID 是系统生成的，数据库名称和表名对应用户在云数据库中创建的数据库名称和表名，事件类型支持如下。OnUpsert：数据表插入或更新数据；OnDelete：数据表删除数据；OnDeleteAll：数据表清空；OnWrite：数据插入或更新事件、数据删除事件、数据表清空事件。翻译订单函数云数据库触发器示例如图 10-28 所示。

基于函数触发器翻译服务构建事件驱动的异步化架构，通过监听数据源的变更触发对应函数执行，实现不同业务子域间的业务逻辑解耦。订单更新事件交互流程示例如图 10-29 所示。

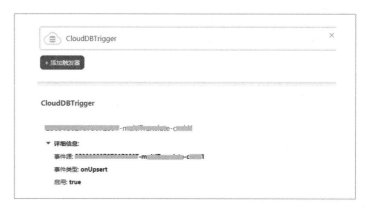

图 10-28　翻译订单函数云数据库触发器示例

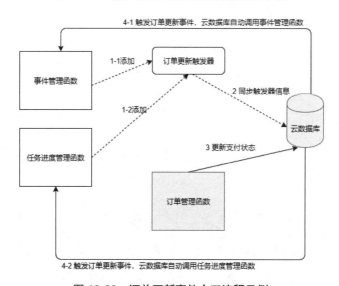

图 10-29　订单更新事件交互流程示例

订单管理函数只负责与订单管理相关的业务逻辑，不负责在更新支付状态之后发送消息/事件，对于关心订单数据源变更的其他业务域函数，只需要自己按需配置云数据库触发器即可，数据源的变更、函数触发调用等都由云数据库服务处理，彻底实现领域解耦和事件驱动编程。

10.1.2.5　胶水层代码处理

对于大部分业务，胶水层代码的处理非常棘手，如果把胶水层代码放到前端，则会导致前后端交互次数增加、耦合增加等问题。如果把胶水层代码放到后端，对于大部分后端团队而言，更倾向于提供原子化的 API，例如，资源的增删改查不愿意提供业务场景化的 API，因为场景化的 API 意味着多变和不稳定，而底层的微服务希望尽量变化少、稳定。由于放到前后端都不太合适，有些胶水层的代码就放到 API 网关，由网关承载胶水层代码的相关逻辑。API 网关负责胶水层代码示例如图 10-30 所示。

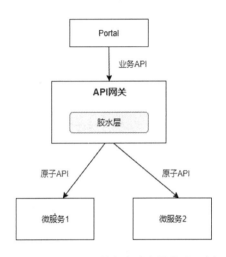

图 10-30　API 网关负责胶水层代码示例

由 API 网关承载胶水层代码的职责会存在一些缺点。

- API 网关是公共的，胶水层代码是多变和不稳定的，如果经常发生变更，对网关的稳定性会带来冲击。
- API 网关部署过多的胶水层代码，会带来可靠性和性能问题，例如，如果某个胶水层 API 的性能太差，会影响其他接口的性能。
- API 网关团队规模相对较小，胶水层代码由谁来开发和维护，可能会产生分歧，增加协同成本。

胶水层的代码还有一种实现方式，即在微服务之前、API 网关之后增加一个微服务编排层（API Service），由 API Service 来承载胶水层代码的职责。基于微服务编排层实现胶水层代码职责示例如图 10-31 所示。

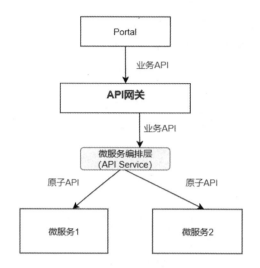

图 10-31　基于微服务编排层实现胶水层代码职责示例

增加微服务编排层之后，如何提升微服务编排效率成为关键，传统的方式是通过硬编码的方式实现，当前端有需求变更时，修改编排层代码并升级。另外，由于大部分的前端请求流量都会经过微服务编排层，因此，微服务编排层很容易成为性能瓶颈点，需要具备较灵活的自动扩容和缩容能力。影响微服务编排层效率的主要因素如下。

- 通过硬编码的方式对多个微服务 API 进行编排，开发效率较低，需要构建一个类似 BPM 的微服务编排引擎，可以实现图形化、配置化的开发，提升开发效率。
- 需求变更频繁，需要微服务编排层能够快速上下线和升级版本。
- 具备自动化的弹性伸缩能力，能够根据前端流量变化自动进行容量管理，降低运维成本。

当前主流的微服务框架并没有能够解决以上几个问题的成熟方案，因此，业务采用微服务编排层承载胶水层代码职责的效果并不理想。

基于函数来实现胶水层代码，可以有效解决上述问题，胶水层代码主要是对各个 API 接口的调用和编排，利用函数上下线成本低、自动化的弹性伸缩特性，可以很好地满足需求和流量的变化，如图 10-32 所示。

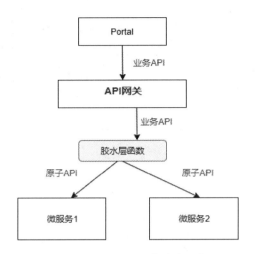

图 10-32　利用函数承载胶水层代码

很多大型系统利用云函数编写胶水层代码，可以有效降低胶水层代码的维护成本。翻译服务后台本身是基于云函数构建的，胶水层代码内置到各领域函数中，未来也可以考虑将它们独立出来，对函数进行分层，底层是原子化的云函数，上层是胶水层函数，通过分层来隔离变化，保障底层的稳定。

10.1.2.6　多活部署

为了保障可靠性，翻译服务需要支持多活部署，传统系统高可用实现通常会采用主备方案，即采用 Master-Slave（主机-备机）部署方式，使用在主机上部署 HeatBeat 绑定 VIP（虚拟 IP）对外提供服务，当 Master（主机）节点发生故障后会自动切换到 Slave（备机）节点，保证业务不中断。传统的主备方案如图 10-33 所示。

采用传统的主备方案存在一些缺点。

- 主备的部署策略会导致备机的计算资源一直处于闲置状态，带来一定的资源浪费。
- VIP 切换通常只能在同机房内完成，当系统需要跨机房的高可用能力时无法满足。

云函数采用多活部署模式，每个机房都承载一定比例的流量，当其中一个机房发生灾难故障后，可以将流量无缝切换到对应的多活机房，保证业务在故障期间不会中断。云函数在部署上采用了多机房对等部署的架构，每个机房会部署相同的服务组件，机房内的每个服务也采用了冗余的部署策略，防止机房内服务异常导致业务中断。同时在函数内部设置了精细的安全组规则，保障了不同租函数之间的网络隔离，最大限度地保障了系统的高可靠。多活部署方案如图 10-34 所示。

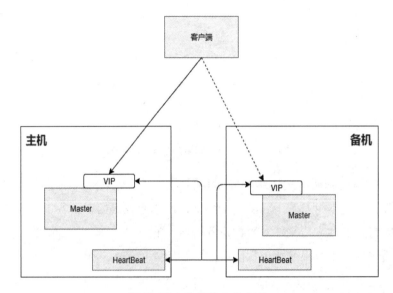

图 10-33 传统的主备方案

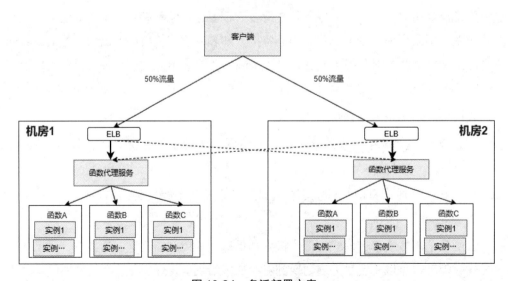

图 10-34 多活部署方案

10.1.2.7 全球化组网

与翻译服务类似，当前越来越多的产品和服务会有全球化的需求，让不同区域的用户都可以使用到开发者提供的服务。想要面向全球提供服务，最简单的办法之一就是将服务集中部署在一个地区，其他区域的用户请求需要通过公网的方式请求到所部署的站点，服务之间的调用通过公网来访问，但是公网的网络质量很难得到保证，网络延迟也会比较高，对一些对时延要求敏感的业务来说，其使用体验是比较差的。解决全球化组网的另外一种办法是开发者将自己的服务部署到多个区域，对应区域的用户就近访问服务，例如，中国国内的用户访问中国国内的站点，东南亚的用户访问新加坡的站点，将业务请求在本区域闭环，大幅降低交互的网络延迟，用户体验可以做到最佳，这就涉及服务的全球化部署。

为了可以在不同的国家提供服务，开发者需要首先遵从当地有关的法律和政策，同时需要在当地部署上线服务。云函数目前已经在全球四大站点上线，开发者可以将函数部署在四大站点的任意站点中，免去了在不同区域中单独购买主机部署服务的困扰，真正做到一份代码多地部署，满足不同区域的用户使用需求。

当开发者在 AppGallery Connect 管理台创建项目后，在云函数页面单击"立即开通"按钮会弹出"默认数据处理位置"对话框，选中默认数据处理位置并确认，即可完成项目所对应函数资源的数据处理位置的配置。当前云函数支持的数据存储地有：中国、新加坡、德国、俄罗斯。为翻译函数选择数据存储位置如图 10-35 所示。

图 10-35　为翻译函数选择数据存储位置

当选中数据处理位置后，后续该项目下的服务都会部署在所选的处理位置中，在云函数页面可以看到已经选择的数据处理位置，例如，选择新加坡站点，在函数页面会显示出该项目中的函数会部署在新加坡站点中，如图 10-36 所示。

图 10-36　在新加坡站点部署函数

得益于不同区域站点架构的统一，在其他站点云函数的使用方式和在中国站点的使用方式没有任何不同，可以按照标准的函数构建流程在多个站点构建服务，每个站点都相互独立，互不影响。AppGallery Connect 为开发者在每个站点都提供了诸多服务来满足不同场景的使用需求，如认证服务、云函数、云数据库和云存储等服务，开发者可以根据自己的实际场景选择不同的服务进行组合使用。全球化组网如图 10-37 所示。

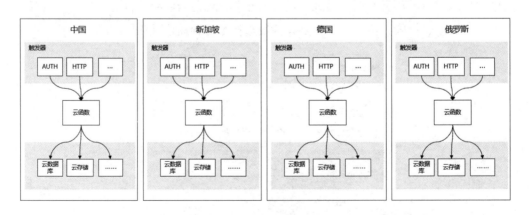

图 10-37　全球化组网示意图

云函数支持区域内函数调用和跨区域函数调用。为了解决跨区域的网络调用高延迟问题，华为终端云通过极简网络技术建设全球网络高速通道，加速跨区域调用，大幅降低了跨区域的网络延迟，相比于传统的互联网访问性能提升 50%以上。开发者创建多个项目，函数的数据处理位置选择相同或不同的区域，为函数绑定对应的触发器即可完成调用。通过极简网络实现跨区域函数调用如图 10-38 所示。

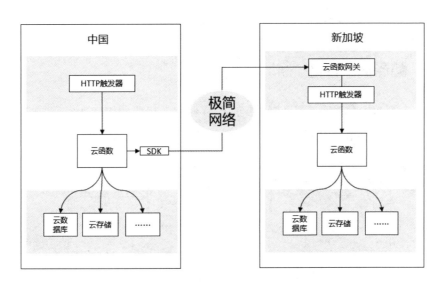

图 10-38　通过极简网络实现跨区域函数调用

虽然可以通过一些技术手段优化公网时延，但是对于网络敏感型的应用，例如，手游、电商、支付等关键业务，网络时延可能会带来游戏掉线或支付失败的风险，会直接影响用户的使用体验，所以尽可能让业务请求在单个区域内闭环，减少区域之间的相互调用是一个更好的选择。除此之外，函数和中间件的调用也要尽可能在区域内进行，如云函数和云数据库的调用，一次请求交互可能涉及 N 次数据库交互，对用户的使用影响就会翻倍，频繁调用会增加调用失败的风险。除了性能和可靠性，跨站服务调用可能会涉及跨境数据转移，开发者在使用时需要梳理涉及跨境的个人和隐私数据，遵守相关地区和国家及华为的用户隐私协议，避免出现隐私合规问题。特别是对于首次向海外用户提供服务的国内企业，一定要注意相关国家/地区的网络安全协议和个人数据保护协议等，如欧盟的 GDPR。

函数除了适用于胶水层代码的编写，对于一些临时性、短生命周期的需求也特别适合，例如，与翻译服务运营相关的 H5 营销活动，其前端是一些简单的 H5 页面，后台的逻辑很简单，在指定时间段上线和下线，这类运营需求灵活多变、上线周期短、工作量小，在需求排期时，往往不被研发人员重视，通常其优先级会很低，无法及时落地。采用云函数来承载此类需求，不需要申请和购买资源，利用几个函数即可满足业务需求，通常 1~2 人天就能上线，活动期间可以根据参与人数和流量自动进行扩容，活动结束之后资源自动释放。

10.1.3 翻译稿件存储

开通云存储服务之后，翻译服务集成云存储服务提供的 JS SDK，配置安全规则，通过 SDK 接口上传和下载翻译稿件。翻译服务使用云存储方案如图 10-39 所示。

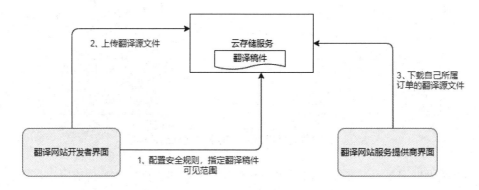

图 10-39 翻译服务使用云存储方案

10.1.3.1 创建引用

上传、下载和更新文件元数据时，需要先创建引用，代码示例如下。

```
const storageManagement = agconnect.cloudStorage();
const reference = storageManagement.storageReference();
```

创建引用之后，可以对相关文件进行如下操作。

- 在当前文件层次结构中向上或向下导航，例如，调用 Child 获取子目录引用，调用 Parent 属性获取父目录引用，调用 Root 属性获取根目录引用。
- 获取当前引用的相关信息，例如，调用 Bucket 获取文件所在的存储实例名称，调用 Name 获取当前引用的文件或目录名称，调用 Path 获取文件在云端的存储路径。

- 对文件进行上传、下载地址的获取、删除以及元数据修改等操作。

10.1.3.2 翻译源文件上传

可以通过文件上传的方式，将本地文件上传到云端的存储实例中，代码示例如下。

```
var translateReference = storage.storageReference();
var reference = translateReference.child('original/files/app.zip');
var translateTask = reference.put(file);
```

使用 put 方法上传文件后，会返回包含上传任务的 UploadTask 实例，可以通过监听 UploadTask 的状态了解上传任务的相关状态，其接口定义如图 10-40 所示。

Qualifier and Type	Method Name and Description
boolean	cancel() 取消任务并返回结果。
Promise<any>	catch(onRejected: (a: Error) => any) 捕获的上传过程中的异常信息。
Function	on(event: TaskEvent, nextOrObserver ?: Observer<UploadResult> | null | ((a: UploadResult) => any), error ?: ((a: Error) => any) | null, complete ?: Unsubscribe | null) 上传任务的回调函数。

图 10-40 UploadTask 接口定义汇总

可以通过调用 UploadTask 的 cancel 方法取消上传操作，通过调用 on 方法监听上传任务中的事件，如文件传输异常。

10.1.3.3 翻译稿件下载

当翻译服务商完成稿件翻译之后，将翻译稿件上传到云存储服务，开发者可以通过翻译服务 Portal 网站下载翻译稿件，如图 10-41 所示。

获取到需要下载的翻译稿件 URL，通过浏览器可以直接下载翻译稿件，获取与翻译稿件 URL 相关的代码示例。

```
var translateReference = storage.storageReference();
var reference = translateReference.child(translate/files/result.zip ');
reference.getDownloadURL()
```

```
.then(function(downloadURL){})
.catch((err) => {});
```

图 10-41　翻译稿件下载

10.1.4　使用云数据库管理数据

翻译服务的订单等数据需要持久化到数据库中,因为开发人员主要集中在前端,所以数据库需要屏蔽 SQL 语言、事务控制、分库分表等技术特性,尽量降低学习成本和开发难度,通过 AppGallery Connect 的云数据库服务可以轻松完成上述目标。

10.1.4.1　云数据库的基本原理

云数据库是一款基于对象模型的数据库,采用存储区、对象类型和对象三级结构。在开发应用时,每个应用都会实例化一个云数据库实例,基于该实例,开发者可以创建多个存储区。

存储区是一个独立的数据存储区域,多个数据存储区相互独立。每个存储区拥有完全相同的对象类型定义,开发者可以根据应用的需要自定义存储区中的存储对象。对象类型用于定义存储对象的集合,不同存储对象类型对应不同的数据结构。新创建一个对象类型,云数据库会在每个存储区实例化一个与之结构相对应的对象类型,用于存储对应的数据。对象是云数据库的基本操作单元，每一个对象都是一条完整的数据记录。

10.1.4.2 云数据库的使用流程

不同的集成方式的使用流程不同。当前翻译服务主要通过云函数集成云数据库 Server SDK 的方式访问云数据库。下面以云函数集成方式对主要流程进行说明。翻译服务云数据库使用流程如图 10-42 所示。

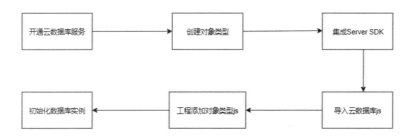

图 10-42　翻译服务云数据库使用流程

翻译服务的使用流程总体上可以分为两大部分：首先通过 AppGallery Connect 管理控制台开通云数据库服务，创建存储区、对象类型、定义对象的数据结构。然后将对象数据结构导出成*.js,在翻译项目中导入对象的数据结构及云数据库的公共 js 库，最后初始化云数据库对象实例，即可实现数据库的增删改查操作。

10.1.4.3 面向对象的数据库操作

与 MyBatis 等 ORM 框架不同，云数据库采用面向对象的编程方式屏蔽 SQL 语言，同时避免业务对象到数据库字段的数据映射，对于不熟悉数据库技术的开发人员非常合适。

对翻译服务进行领域设计时，梳理出领域模型对象，将需要持久化到数据库的领域模型对象筛选出来，通过云数据库管理控制台来创建领域对象，对象的定义包括四部分：对象名称、属性/字段定义、指定索引及配置数据访问权限，如图 10-43 所示。

对于一些敏感信息，例如，订单 ID、联系方式、消费金额等字段，建议对其进行加密，保障数据存储层的安全。云数据库内置了 AppGallery Connect 的角色和权限功能，每个对象类型都可以独立分配权限，例如，只有数据创建者和管理员才拥有修改和删除数据的权限，其他用户只能查询。为翻译任务对象分配权限如图 10-44 所示。

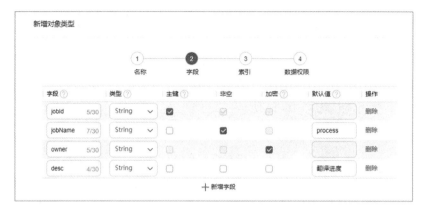

图 10-43　翻译服务领域对象类型定义

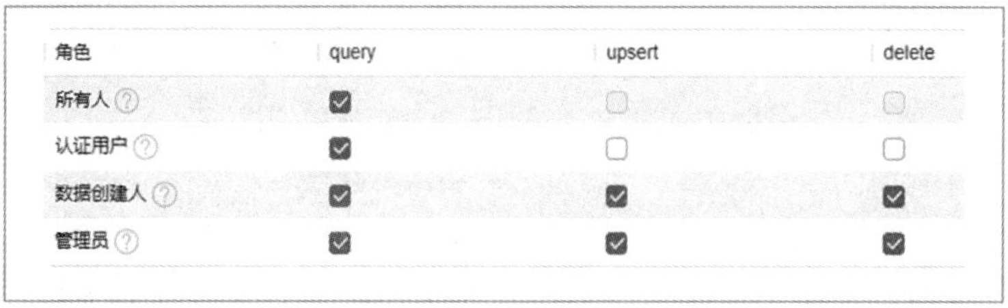

图 10-44　为翻译任务对象分配权限

对象定义完成之后，通过界面的导出功能可以将对象定义模型文件导出并保存到本地，作为 Model 引入翻译服务的工程项目中。由于翻译服务使用的是云函数 serverSDK 模式，因此导出时选择"serverSDK"单选按钮，如图 10-45 所示。

图 10-45　导出翻译服务领域对象

将导出的翻译领域对象 js 文件导入翻译服务工程目录之后，根据创建的存储区、对象类型等完成翻译服务云数据库实例的初始化，代码示例如下。

```
const credentialPath = "resource\\agc-apiclient-xxxx.json";
agconnect.AGCClient.initialize(agconnect.CredentialParser.toCredential(credentialPath));
const agcClient = agconnect.AGCClient.getInstance();
clouddb.AGConnectCloudDB.initialize(agcClient);
const zoneName = 'TranslateService';
const cloudDBZoneConfig = new clouddb.CloudDBZoneConfig(zoneName);
this.cloudDBZoneClient
= clouddb.AGConnectCloudDB.getInstance().openCloudDBZone(cloudDBZoneConfig);
```

获取到 CloudDBZoneClient 之后，就可以调用它的接口完成对象的增删改查操作，代码示例如下。

```
if (!this.cloudDBZoneClient) {
        log.error("CloudDBClient is null, try re-initialize it");
        return;
    }
    try {
        const resp = await this.cloudDBZoneClient.executeUpsert(OrderInfo);
        log.debug('The number of upsert order is:', resp);
    } catch (error) {
        log.warn('upsertOrderInfo=>', error);
    }
}
```

翻译服务存在一些批量操作，如勾选多个订单之后合并支付，类似这样的批量操作从用户体验角度来看需要保证一致性。云数据库服务支持通过 RunTransaction() 方法执行事务，实现对云侧存储区数据的管理操作，包含数据的增删改查操作。事务支持同时对多个对象类型的数据进行增删改查操作。事务操作是原子的，一个事务内的所有操作要么全部执行成功，要么全部执行失败。如果执行事务时出现并发写入，云数据库会再次尝试执行整个事务，确保整个事务操作的一致性，开启事务的代码示例如下。

```
async deleteOverdueBooks(cloudDBZoneQuery) {
    try {
        const res = await this.mCloudDBZone.runTransaction({
            apply: async (transaction) => {
                return new Promise(async (resolve, _) => {
                    await transaction.executeQuery(cloudDBZoneQuery).then((data) => {
                        transaction.executeDelete(data);
                    }).catch((err) => {
                        log.error(err);
                        resolve(false);
                    });
                    resolve(true);
                })
            }
        })
        log.info("the transaction result:", res);
    } catch (e) {
        log.error(e);
    }
}
```

10.1.4.4 侦听数据变化

除了通过云函数的触发器监听整个数据源变化,还可以通过 SubscribeSnapshot() 方法来侦听符合指定查询条件的数据变化。当侦听的数据发生变化时,云数据库会触发业务自定义的回调函数,并将数据以快照的方式传给回调函数,由用户根据业务逻辑自定义处理快照数据。添加侦听云侧数据变化的侦听器的代码示例如下。

```
async function subscribeSnapshot () {
    const query = CloudDBZoneQuery.where(OrderInfo);
    query.equalTo('shadowFlag', true);
    try {
        const listenerHandler = await cloudDBZone.subscribeSnapshot(query, onSnapshotListener);
    } catch (error) {
        log.error('subscribeSnapshot error');
```

```
    }
}
```

当满足查询条件的订单数据更新之后，云数据库会通过回调 OnSnapshotListener 对象的 OnSnapshot()方法来执行开发者自定义的操作。通过云函数的云数据库触发器结合云数据的数据侦听器，可以实现各种复杂条件的数据变化监听和函数回调，提升业务的开发效率。

10.1.5 翻译服务上线效果

通过 AppGallery Connect Serverless 平台的云托管、云存储、云数据库和云函数服务，我们完成了翻译服务前后端的一体化构建，用户通过 AppGallery Connect 管理控制台上架应用时，可以选择使用翻译服务，如图 10-46 所示。更详细的功能介绍，请参考 AppGallery Connect 翻译服务的资料网站。

图 10-46　应用分发上架时使用翻译服务

用户选择翻译服务商并支付成功之后，可以查看订单详情，如图 10-47 所示。

支付成功之后，可以通过任务管理来管理相关的任务单，如图 10-48 所示。

当翻译服务商上传译稿之后，开发者可以通过任务单管理界面下载译稿，如图 10-49 所示。

图 10-47 翻译订单详情

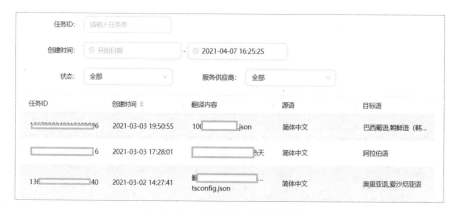

图 10-48 翻译服务的任务单管理

图 10-49 已回稿任务单管理

10.2 传统开发模式与 Serverless 模式对比

相比于传统的单体架构/微服务架构研发模式，使用 Serverless 技术来构建的翻译服务与传统开发模式有较大的差异，下面从研发角色变化、研发效率、运维效率等几个维度进行对比分析。

10.2.1 研发角色和职责变化

采用传统模式开发翻译服务，总体流程如图 10-50 所示。

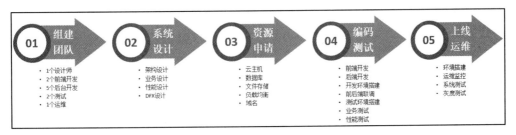

图 10-50　采用传统模式开发翻译服务流程

项目团队成员：1 个设计师，2 个前端开发，5 个后台开发，2 个测试，1 个运维。架构师完成系统框架选型，需要了解数据库、文件存储，并对其进行性能分析，同时也需要了解底层的运行机制，比如弹性伸缩机制。运维负责申请购买系统资源，比如云主机、数据库、负载均衡、分布式存储等。前端和后端开始编码，搭建开发环境和测试环境，进行业务测试和性能测试。开发和运维共同搭建运行环境、运维监控系统、进行系统测试。从以上流程来看，如果各步骤都顺利，从收到需求到需求上线至少要花费 7 周的时间：系统设计 1 周、开发测试 5 周、资源申请和上线 1 周。

采用 Serverless 模式开发翻译服务，总体流程如图 10-51 所示。

图 10-51　采用 Serverless 模式开发翻译服务流程

项目团队成员：1 个设计师，4 个开发，不区分前后端，2 个测试，架构师完成业务设计即可，不需要过多关注底层技术。1 个开发端到端完成某个功能的前端和函数的开发，无须前后端协调联调测试，测试进行端到端测试。业务上线只需要将函数上传并创建对应触发器即可完成部署，不需要运维基础设施和平台服务。从以上流程来看，从收到需求到需求上线需要花费 4 周的时间：系统设计 0.5 周、开发测试 3 周、上线 0.5 周。

10.2.2 不同开发模式对比

不同模式对比如表 10-3 所示。

表 10-3 不同开发模式对比

模　块	传统开发模式		Serverless 开发模式	
	技　术　栈	主　要　工　作	技　术　栈	主　要　工　作
前台（Portal）	（1）框架：Vue.js。 （2）部署：nginx	（1）界面开发。 （2）访问后台 API	（1）框架：Vue.js。 （2）部署：云托管服务	（1）界面开发。 （2）访问后台 API
后台（服务端）	（1）框架：Spring Cloud/微服务框架。 （2）部署：Tomcat	（1）定义 Restful API 接口，开发业务逻辑。 （2）搭建业务运行环境，业务打包，安装部署到 VM/容器	（1）框架：云函数。 （2）部署：直接上传	（1）开发函数，定义触发器。 （2）命令行或 Portal 上传并运行函数，不需要搭建运行环境
数据存储	（1）MySQL。 （2）OBS	（1）创建 MySQL 数据库，在业务代码中写 SQL 操作数据库。 （2）申请 OBS 服务，写入上传和下载代码	（1）云数据库。 （2）云存储	（1）开通云数据库服务，通过对象接口直接操作数据库，屏蔽 SQL。 （2）开通云存储服务，通过 SDK 调用文件上传和下载接口
运维	IaaS + PaaS	（1）负载均衡运维。 （2）MySQL 数据库运维。 （3）云资源运维。 （4）业务服务器运维	Serverless	无运行环境和依赖资源的维护工作量，只需要关注业务本身指标
弹性伸缩	弹性伸缩服务 + 数据库分库分表等	（1）业务层伸缩：开通弹性伸缩服务，服务配套开发。 （2）数据层伸缩：需要自己进行分库分表、数据迁移等	Serverless 天生弹性伸缩	无
开发思维	无	以 API 为中心，通过串行/并行的调用方式进行业务逻辑开发	无	以事件为中心，通过事件触发器实现流程的并行执行和业务逻辑解耦

10.2.3 研发效率对比

研发成本包含开发测试成本、运维成本和服务器中间件等基础设施购买维护成本，利用 Serverless 技术可以在多方面降低成本，提升研发效率。

10.2.3.1 翻译网站部署效率提升

采用传统方案部署翻译网站涉及域名开通、证书管理、购买 CDN、部署 Web 容器等，其工作量总共需要 10 人天。基于云托管服务提供的免费域名、证书和 CDN 功能，只需要 0.5 人天就能实现翻译网站的全球部署和上线。基于 Serverless 模式开发翻译服务流程如图 10-52 所示。

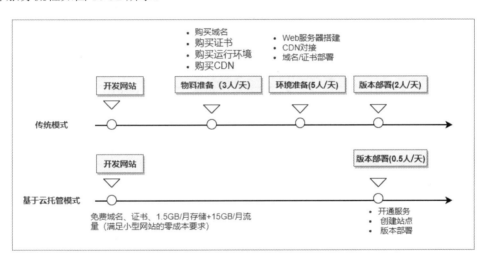

图 10-52　基于 Serverless 模式开发翻译服务流程

10.2.3.2 弹性伸缩效率提升

弹性伸缩是个棘手的问题，虽然很多云厂商已经提供弹性伸缩服务，与微服务框架等配合起来使用，可以基于微服务接口的指标进行微服务的弹性伸缩。但是，弹性伸缩会涉及业务服务层的伸缩、依赖中间件的伸缩及数据层的伸缩。如果周边依赖设施的伸缩不能解决，在业务服务扩容之后，很有可能会更快地把周边依赖的基础设施和下游服务压挂。

采用 Serverless 技术之后，由于 Serverless 就是免运维的，弹性伸缩能力通常会内置到服务中对业务屏蔽，业务只需要按照特定的规则配合实现，即可构建天生支持弹性伸缩的架构，这个对初创型团队和业务非常重要，大家不需要在试错中探索前行。基于传统技术架构和 Serverless 的弹性伸缩效率对比，如表 10-4 所示。

表 10-4 云函数支持的触发器列表

对比维度	传统技术架构	Serverless 技术架构
业务服务弹性伸缩	（1）业务构建资源池，通过手工或自动化工具启停服务 工作量：约 7 人天。 （2）购买公有云的弹性伸缩服务，配置伸缩策略 工作量：约 0.5 人天	配置云函数的伸缩规则和容量上下限 工作量：约 0.5 人天
依赖中间件服务的弹性伸缩	大部分中间件服务不支持自动化弹性伸缩，需要适配每个中间件服务的伸缩策略 每个中间件工作量：约 10 人天	Serverless 平台提供的云数据库、云存储等支持弹性伸缩 工作量：约 0.5 人天
数据层弹性伸缩	（1）数据分库分表，业务编码实现或使用分布式数据库中间件。 （2）如果超过上限，需要进行数据割接和搬迁 工作量：约 30 人天	云数据库内核采用分布式数据库引擎，支持自动扩容 工作量：约 0.5 人天
网络基础设施弹性伸缩	负载均衡器等网络基础设施的扩容 工作量：约 3 人天	屏蔽底层基础设施 工作量：0 人天

10.2.3.3 沟通成本降低

传统的前后端开发模式，涉及双方的需求澄清、接口和数据模型定义、对接联调等环节，对于一些前后端交互复杂的业务，这些沟通和协调环节耗费的成本可能会超过工作量本身。

采用一体化团队开发模式之后，云函数、云数据库和前端 Portal 的数据模型可以拉通设计，减少前端模型到后端模型、后端模型到数据库模型之间转换导致的性能问题，由于通常是一个人负责某个业务功能的端到端开发，大部分问题可以在自己手里闭环，减少对周边的依赖，开发和测试效率会有较大的提升。另外，由于采用一体化端到端的开发模式，在降低沟通成本的同时，还可以提升开发质量，降低 Bug 率。采用 Serverless 技术构建的翻译服务与周边采用传统开发模式开发的服务对比，Bug 率降低了 30% 左右。

10.3 Serverless 技术演进

Serverless 在云计算的下一个十年将起到举足轻重的作用，从业务使用视角看，当前的 Serverless 技术仍然有一些不足，完全替换传统的技术架构尚需时日。

10.3.1 传统中间件的 Serverless 化

当前谈到的 Serverless 技术，狭义上主要是函数，广义上还包含了数据库、存储、云托管、API 网关等。未来 Serverless 发展的一个重要趋势就是越来越多的中间件 Serverless 化，比较典型的案例就是微服务的 Serverless 化。

传统采用 SpringMVC、SpringCloud 或微服务框架开发的业务，如果全部使用函数重写，成本会非常高。如果有一个 Serverless 微服务，可以将已有的业务代码直接 Serverless 化，业务只需要进行少量的适配性修改，就能享受 Serverless 带来的免运维、弹性伸缩等性能，就会有更强的迁移动力。

传统中间件的 Serverless 化是一个比较有挑战性的工作，涉及多租户、数据隔离、弹性伸缩等。例如，API 网关服务，传统的中间件模式是让用户选择共享实例还是专属实例，不同的实例价格不同，能够支撑的 API 访问量也不同，用户需要感知到两种规格的差异，业务体量较小时购买专属实例成本较高，如果购买共享实例，后续访问量增大到性能无法满足时，需要考虑如何升级到专属实例。Serverless 化之后就会屏蔽这两种规格的差异，用户只需要开通按需使用套餐即可，由网关平台负责用户流量变化的调度，例如，从逻辑多租到物理多租的自动化迁移。

10.3.2　Serverless 模型化

当依赖的 Serverless 服务比较少时，业务可以按照服务的开发和部署规则，通过服务的管理控制台或命令行 CLI 工具来部署业务。对于较复杂的业务，会同时使用多个 Serverless 服务，如果没有统一的应用描述和部署工具，每次部署和升级成本都会很高。将 Serverless 模型化、规范化之后，在部署应用时，可以通过 Serverless 部署描述文件，自动开通依赖的服务，实现一键式自动化部署。Serverless Model 定义示例如图 10-53 所示。

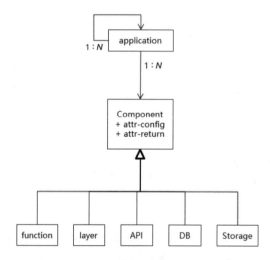

图 10-53　Serverless Model 定义示例

10.3.3　与遗留系统的对接

对于存量业务，新增的业务功能可能会使用 Serverless 技术来开发，新老系统之间的互通和数据交互会成为一个难点。当前采用的主要技术方案是打通 Serverless 所在网络与用户存量服务所在 VPC 之间的网络，然后通过 Service SDK 集成的方式进行调用。

打通网络是第一步，Service SDK 集成方案成本较高，未来会演进到如下两种形态。

- 通过事件进行数据交互和新老系统对接，一种方案是 Serverless 提供

CloudEvents，制定规范，遗留系统依赖的相关服务支持 Event 接入，通过 Event 实现系统之间的互通，例如华为元戎提供的 Event Bridge。
- 另一种参考方案是提供 Serverless 总线或桥接器，屏蔽异构云、异构系统的差异，通过 Serverless 总线实现 Serverless 服务与传统系统的对接，降低开发成本，例如华为元戎提供的 Service Bridge。

10.3.4 关键技术瓶颈的突破

函数的冷启动时间是影响函数应用范围的主要障碍，如果函数常驻内存，会导致资源浪费，增加成本。如果每次调用都进行冷启动，耗时约在 200ms 左右（不同编程语言的数据存在较大差异，该数据仅作为参考举例），一些时延敏感型的业务无法接受。当前也有一些优化措施，例如，函数执行完可以驻留一段时间，如果驻留期间仍然没有调用，则自动释放；或者用户可以根据流量特点，事先预留一些函数实例，当请求接入时，优先从预留的实例池中调用，避免冷启动。这些措施只是在一定程度上缓解了冷启动的副作用，无法从根本上解决问题。当前的优化方向除了华为元戎的资源池化、代码缓存、调用链预测机制等，底层容器和操作系统的优化也是一个重要方向。未来如果能够彻底解决函数的冷启动问题，将冷启动时间压缩到 10 毫秒级，函数的适用范围将会更广泛。

10.3.5 Serverless 低代码平台

随着企业数字化转型的加速，传统软件开发模式的交付效率已经无法满足业务需求，企业的数字化建设滞后于业务需求，急需提升开发效率，低代码平台逐渐成为一个技术热点。利用低代码平台，通过图形化、拖拽、配置化和脚本化的方式即可完成应用的构建，相比于传统的开发模式，其开发难度和成本都大幅下降。

低代码平台从业务场景上主要分为三大类。
- 面向通用业务场景，例如，华为云的应用魔方 AppCube，可以支撑智慧城市、智慧园区等重资产类业务的低代码开发和资产沉淀。

- 面向业务垂域的细分场景，如企业办公管理系统、移动应用开发领域等。
- 企业定制场景，由服务商通过低代码平台进行扩展和定制来满足不同用户的个性化需求。

传统低代码平台的构建思路如下：提供一套在线或离线的可视化 IDE 开发环境，将应用开发常用的界面组件，例如，文本框、按钮、表格等封装成组件，通过可视化拖拽的方式把应用的 Portal 界面组装起来，界面组件可以配置属性、校验规则及后端对应的数据库表和模型，由低代码平台生成前后端的代码。对于简单的业务，通过界面拖拽、配置化的开发模式就能实现业务的构建。对于复杂的业务，需要通过服务编排来实现业务的串接，通常的做法是引入 BPM（流程引擎），提供流程启动、流程停止、发送事件、脚本规则等图元，通过图元拖拽和组装的方式完成业务逻辑的编排，最后由 BPM 生成业务编排流程文件，该文件由 BPM 负责解析和执行。传统低代码平台架构示例如图 10-54 所示。

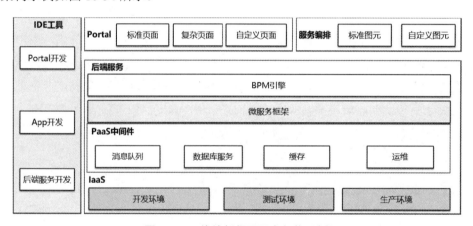

图 10-54　传统低代码平台架构示例

上述低代码平台架构的主要缺点是后台仍然基于传统的云计算架构来构建，虽然 IDE 工具在开发态屏蔽了后端的中间件和底层容器/云主机等资源，但是应用部署后，开发者仍然需要维护应用依赖的这些中间件服务和底层的容器和虚拟机等资源，包括但不限于安全补丁升级、扩容和缩容、服务运维、费用结算等。

随着 Serverless 技术的发展和成熟，Serverless 具有的免运维、高可用、弹性伸缩等特性可以简化业务的开发和运维，基于 Serverless 技术构建的低代码平台相比于传统的云原生架构，会进一步降低开发者的代码量、开发成本及上线之后的运维工作量，真正实现应用全生命周期的低代码/低工作量。采用 Serverless 技术架构的低代码平台架构示例如图 10-55 所示。

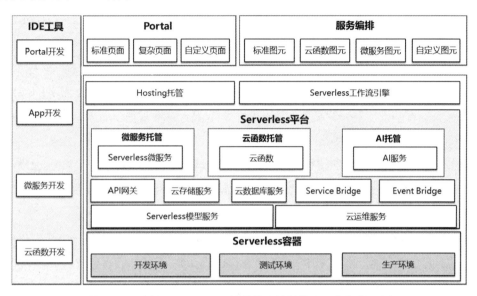

图 10-55 采用 Serverless 技术构建的低代码平台架构示例

Serverless 低代码平台相比于传统的低代码平台最大的区别是不仅在开发阶段让开发者尽量少写代码，更重要的是在部署阶段开发者不用关心底层的中间件平台和云资源，应用上线之后不用运维应用依赖的 Serverless 服务，容量管理、弹性伸缩等均由 Serverless 平台来实现。以 Hosting 托管服务为例，二者对比如表 10-5 所示。

表 10-5 Portal 研发效率对比

对比维度	Serverless 低代码平台	传统低代码平台
开发模式	通过内置的标准页面、复杂页面和自定义页面进行配置化开发	通过内置的标准页面、复杂页面和自定义页面进行配置化开发
部署模式	通过 Hosting 托管服务部署 Portal 网站，免费域名、SSL 证书托管	（1）购买域名和证书，采购 CDN 服务。 （2）Web 服务器搭建、CDN 对接、证书和网站部署
运维模式	（1）免运维、双云可靠性架构、自动容灾切换。 （2）全球 CDN 加速	（1）需要维护 Web 服务器、SSL 证书更新和 CDN 服务等。 （2）需要自己构建网站容灾能力

通过上述对比可以发现 Serverless 低代码平台除了具有传统低代码平台的优势，在 Portal 网站部署和后续运维效率方面都有极大的提升，Serverless 低代码平台同时兼具低代码和免运维的双重特性。

Serverless 低代码平台的总体构建策略如下：服务编排除了能对传统的微服务进行流程编排，也支持对云函数之间及云函数与微服务进行混合业务逻辑编排。后端的服务框架支持三种形式的代码托管：基于传统微服务开发的 Serverless 微服务托管、基于函数开发的云函数托管及基于 AI 服务开发的 AI 托管。三种托管服务的底座是 Serverless 平台基础服务，主要是 Serverless 模型服务，通过 Serverless 模型描述构成一个 Serverless 应用程序的所有云端资源和服务，打通各个离散的 Serverless 服务，实现本地开发、调试和远程一键部署发布功能。云运维服务为 Serverless 服务提供云监控、云日志、云告警、云调试、云跟踪等性能服务，为开发者提供业务层的运维支撑能力。

基于 Serverless 低代码平台，可以引入各领域的服务商，由服务商负责低代码模板或解决方案的开发，进一步降低开发者的门槛，服务商可以将低代码模板或解决方案上架到 Serverless 低代码平台市场，实现商业上的营利，随着行业低代码模板和解决方案的丰富，最终会进一步降低开发者的研发成本，逐步从低代码过渡到零代码开发。